现代生物技术基础实验

主 编 江 澜

编 委 韦晓兰 常海军 李 宏 余纯丽

合肥工业大学出版社

前　　言

　　重庆工商大学环境与生物工程学院食品科学与工程、环境工程、制药工程三个专业四门课程涉及现代生物技术基础实验,其作为必修课程或必修内容,要么属于专业基础实验,要么属于专业实验。

　　现代生物技术基础实验课是培养学生独立工作能力的重要环节,实验教材是指导学生上好实验课的重要工具。

　　我们曾用过综合性大学的生物实验教材,也曾用过师范类大学的教材。那些教材在培养目标和学时安排方面与我们都有较大的差别,我们的实验课时少,后续课程缺乏,因而那些教材不太适合我们。

　　我们从 2011 年开始使用自己编写的讲义,在有限的学时里既体现了现代生物技术的基本实验技术和基本特性,又体现了我们的专业特征;兴趣是最好的老师,首先让学生感到做生物实验是一件有趣的事,学生带着好奇心和探索精神去学,于是责任心增加了,进而动手能力得到了提高,最终达到培养学生独立工作能力的目标。

　　本教材包括三个部分内容:(1)基础实验,分微生物学(10 个实验)和生物化学(5 个实验)两个部分;(2)专题实验(5 个实验);(3)实际应用实验(5 个实验)。

　　其中,生物化学部分的 5 个实验由韦晓兰教授编著,食品微生物检验 3 个实验由常海军博士编著,柠檬酸和抗生素发酵由李宏教授编著,解酚菌的分离培养由余纯丽教授编著,其他部分均由江澜编著。

　　感谢夏卫先生对本书封面上书名的题写!

　　由于编者水平有限,书中难免会存在一些错误,望读者批评指正。

编　者

2018 年 10 月

目　　录

第一部分　基础实验

（一）微生物学部分

（二）生物化学部分

第二部分　专题实验

第三部分　实际应用实验

第一部分　基础实验

（一）微生物学部分

实验 1　培养基的制备

一、实验目的

了解培养基的制备原理,掌握常用培养基的制备方法和步骤。

二、实验原理

培养基是一种营养基质,一般含有微生物所需的水分、碳源、氮源、能源、无机盐、生长因素等成分,其用途是培养、分离、鉴定、保存微生物或者积累微生物的代谢产物。

由于微生物营养类型不同,应提供不同种类的培养基。对一般细菌,常用天然培养基——牛肉膏蛋白胨培养基(牛肉膏为微生物提供碳源、磷酸盐和维生素,蛋白胨提供氮源和维生素,NaCl 提供无机盐,一般要求中性或微碱性);对放线菌,常采用合成培养基——高氏 1 号培养基,一般呈中性或微碱性;培养酵母菌、霉菌则用麦芽汁或豆芽汁葡萄糖培养基、马铃薯培养基(PDA),有时也用马丁氏培养基来分离霉菌,这些培养基一般是偏酸性的。马丁氏培养基除含有霉菌所需的各种营养物质外,还有孟加拉红染料,它能抑制放线菌和细菌的生长;而链霉菌可杀死或抑制细菌,但对霉菌却无害,所以这种培养基是具有选择作用的,称为选择培养基。

对已配制好的培养基须立即灭菌,如果来不及灭菌应暂放冰箱保存。其原因有三:一是各类营养物质和使用的器具均含有微生物;二是微生物生长繁殖会消耗培养基的营养物质并引起其成分的改变;三是微生物生长繁殖会使培养基的酸碱度改变。因此,配制好的培养基须立即灭菌。

三、实验用品

1. 试剂

牛肉膏、蛋白胨、琼脂、可溶性淀粉、葡萄糖、孟加拉红、链霉素、1mol/L NaOH、1mol/L HCl、KNO_3、NaCl、$K_2HPO_4 \cdot 3H_2O$、$MgSO_4 \cdot 7H_2O$、$FeSO_4 \cdot 7H_2O$。

2. 器材

试管、三角瓶、烧杯、量筒、玻璃棒、天平、牛角匙、pH 试纸、棉花、牛皮纸、记号笔、线绳、纱布、漏斗、漏斗架、胶管、止水夹等。

四、操作步骤

(一)牛肉膏蛋白胨培养基的配制

牛肉膏蛋白胨培养基是一种应用最广泛和最普通的细菌基础培养基。其配方如下：

牛肉膏 3g，蛋白胨 10g，NaCl 5g，琼脂 15～20g，水 1000mL，pH 值为7.4～7.6。

1. 称药品

根据配方按实际用量计算各成分用量，再称取各药品放入搪瓷量杯中。牛肉膏用玻棒挑取放在称量纸上称量，然后放入水中，稍加热，待膏与纸分离，尽快取出纸片。

蛋白胨极易吸潮，故称量速度要快。

注意：称药品时不能将药品污染，一把药匙用于一种药品的称取；瓶盖不能错盖。

2. 加热溶解

在搪瓷量杯中加入少于所需的水量，然后放在电炉上，加热，并用玻棒搅拌，待药品完全溶解后再补充水分至所需体积。

在制作固体培养基时，为了节省时间，可将液体培养基分装于三角瓶中，然后按 1.5%～2.0% 的百分比将琼脂直接加入各三角瓶中，待灭菌时琼脂就已熔化。但如果需分装试管，在琼脂熔化过程中，要不断搅拌和控制火候，以防琼脂糊底或溢出。

为了防止其他离子进入培养基而影响细菌的生长，在配制培养基时，不可用铁锅或铜锅等来加热熔化。

3. 调 pH 值

首先检测培养基的起始 pH 值，若 pH 值偏低，可滴加 1mol/L NaOH，边滴加边搅拌，并不断地用 pH 试纸检测，直至达到所需 pH 值范围，即 pH 值为7.4～7.6；若偏碱，则用 1mol/L HCl 进行调节。

为防止因回调而引起培养基离子浓度的改变，注意 pH 值不能调过头。

4. 过滤

固体培养基可用 4 层纱布趁热过滤，液体培养基可用滤纸过滤，以利于培养时的观察。但一般使用的培养基，过滤可省去，本实验中也省略。

5. 分装

分装时可用漏斗,以避免培养基沾在管口或瓶口上而造成污染(图1-1)。

分装量:

(1)固体培养基约为试管高度的1/5,三角瓶约小于1/2容积。

(2)半固体培养基(指液体培养基中添加0.6%~0.8%的琼脂)以试管高度的1/3为宜,灭菌后垂直待凝。

(3)液体培养基约为试管高度的1/4,三角瓶小于1/2或1/3容积。

图1-1 培养基的分装

图1-2 试管的棉塞

6. 加棉塞

试管与三角瓶均需制作合适的棉塞(图1-2、图1-3)。棉塞可起三个作用:一是过滤,防止空气中的微生物进入容器;二是通气;三是避免水分的蒸发。对某些需要更好通气条件的微生物,采用8层纱布制成的通气塞。

图1-3 三角瓶的棉塞

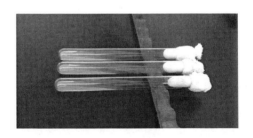

图1-4 斜面放置

棉塞的制作:裁剪一块纱布约 10cm×10cm,将它放于一支试管口的中央,用小指把纱布推进试管约 2cm,塞入棉花到管口,管口之外再放入较大坨棉花,用纱布把棉花坨包住(尽量减少纱布的皱褶),然后用棉线扎紧,最后在距离扎紧处约 1cm 剪掉多余的纱布,并剪掉多余的棉线。一个棉塞约 4cm,管内 2cm,管外 1cm,纱布需 1cm。三角瓶的棉塞与试管的制作方法相同,只是纱布要裁剪成约 20cm×20cm 的规格。

7. 包扎

加塞后,为防止灭菌时冷凝水沾湿棉塞,在三角瓶的棉塞外包双层报纸或一层牛皮纸。试管 5 支或 7 支放一起,在棉塞外包一层牛皮纸或双层报纸,用绳子捆好。然后用记号笔注明培养基名称、组别、日期。

8. 灭菌

将上述培养基于 121℃ 湿热灭菌 20min。如因特殊情况不能及时灭菌,须保存在冰箱中。

9. 摆斜面

灭菌后,如要制成斜面,可趁热将试管口端搁在一根长木条上,调节斜面的长度以不超过试管总长的 1/2 即可(图 1-4)。待冷凝后,方可再重新包扎好。

10. 无菌检查

将已灭菌且冷凝好的培养基放入 37℃ 恒温培养箱中培养 24～48h,无菌生长即可使用;或贮存于冰箱或清洁的橱内,备用。如有菌长出则表明灭菌不彻底,须重做。

(二)高氏 1 号培养基的配制

高氏 1 号培养基是用于分离和培养放线菌的合成培养基,如果加入适量的抗菌药物,则可用来分离各种放线菌。其配方如下:可溶性淀粉 20g,KNO_3 1g,NaCl 0.5g,$K_2HPO_4 \cdot 3H_2O$ 0.5g,$MgSO_4 \cdot 7H_2O$ 0.5g,$FeSO_4 \cdot 7H_2O$ 0.01g,琼脂 15～20g,水 1000mL,pH 值为 7.4～7.6。

1. 称量和溶解

(1)根据用量先计算后称量。

(2)在搪瓷量杯中加入少于所需的水量,放电炉上加热至沸。

(3)用小烧杯和少量冷水将称取的可溶性淀粉调成糊状,再加入上述沸水中,边加热边搅拌,至其完全溶解。

(4)然后按配方依次加入其他成分并完全溶解。

对微量成分,可先配成高浓度的贮备液后再加入。如:配方中的 $FeSO_4 \cdot 7H_2O$,应先配成浓度为 0.01g/mL 的贮备液(在 100mL 水中加入 0.1 g $FeSO_4 \cdot 7 H_2O$),再于 1000mL 培养基中加入上述贮备液 1mL 即可。

如需要配制固体培养基,其琼脂溶解过程同牛肉膏蛋白胨培养基配制。

(5)补充水分到所需的体积数。

2. pH 值调节、分装、包扎、灭菌及无菌检查

同牛肉膏蛋白胨培养基的配制。

(三)马丁氏培养基的配制

马丁氏培养基是用于分离真菌的选择培养基。其配方如下:

K_2HPO_4 1g,$MgSO_4 \cdot 7H_2O$ 0.5g,蛋白胨 5g,葡萄糖 10g,琼脂 15~20g,1%孟加拉红水溶液 3.3mL,水 1000mL,自然 pH 值,1%链霉素溶液 3mL。

1. 称量和溶解

根据需要量先计算后称量,按用量称取各成分,加少于所需要的水量于搪瓷量杯中,依次将各成分加入且完全溶解,然后补充水分到所需体积。孟加拉红先配成 1%的水溶液,取该液 3.3mL 于 1000mL 培养液中,混匀,再加入琼脂加热熔化,方法同前。

2. 分装、包扎、灭菌及无菌检查

同牛肉膏蛋白胨培养基的配制。

3. 链霉素的加入

先用无菌蒸馏水将链霉素配成 1%的溶液(可保存于 -20℃)。

因链霉素受热易分解,所以临用时,将培养基熔化后待温度降至 45℃ 左右时才可加入。要使每毫升培养基中含链霉素 30μg,应于 100mL 培养基中加 1%链霉素 0.3mL。

(四)马铃薯培养基(PDA)的配制

PDA 常用于霉菌培养。

马铃薯(去皮)200g,蔗糖 20g,琼脂 15~20g,蒸馏水 1000mL,配制方法如下:将马铃薯去皮,切成约 $2cm^3$ 的小块,放入 1000mL 的搪瓷量杯中,加约 800mL 蒸馏水煮沸 30min,注意用玻棒搅拌以防糊底,然后用双层纱布过滤,取其滤液加糖,加琼脂熔化后,再补足水分至 1000mL,自然 pH 值。分装、包扎、灭菌及无菌检查等步骤同牛肉膏蛋白胨培养基的配制。

(五)豆芽汁培养基的配制

豆芽汁培养基常用于酵母菌培养。

黄豆芽 100g,加蒸馏水 1000mL,煮沸 30min,过滤,滤液加葡萄糖 50g,琼脂 15~20g,待琼脂熔化后再补足水分至 1000mL,自然 pH 值。分装、包扎、灭菌及无菌检查等步骤同牛肉膏蛋白胨培养基的配制。

五、注意事项

1. 琼脂熔化的过程控制好火候,不能溢出、不能糊底。

2. 调节 pH 值：不能调过了头再调回来。

六、实验报告

记录本实验配制培养基的名称、数量，并图解说明其配制过程，指明要点。

七、思考题

1. 配制培养基有哪几个步骤？在操作过程中应注意些什么问题？为什么？

2. 培养基配制完成后，为什么必须立即灭菌？若不能及时灭菌应如何处理？已灭菌的培养基如何进行无菌检查？

实验2 高压蒸汽灭菌

一、实验目的

1. 了解高压蒸汽灭菌的基本原理及应用范围。
2. 学习高压蒸汽灭菌的操作方法。

二、实验原理

手提式高压蒸汽灭菌锅是一种密闭的能加压力的双层锅（图2-1），外锅可放水淹没电加热圈，放入内锅，再装入需灭菌的物品，锅盖上有一排气阀和一个安全阀。大型的一般为卧式灭菌锅。

高压蒸汽灭菌：在可密闭的灭菌锅内放入需灭菌的物品，加热，水沸腾后产生蒸汽，让水蒸气将锅内的冷空气从排气阀中排尽，关闭排气阀，继续加热，水蒸气因不能溢出，使灭菌锅内的压力增加，从而增高沸点，锅内的温度将大于100℃。高于100℃的温度能使微生物的蛋白质凝固而变性，达到杀灭一切微生物的目的，即灭菌。

由于空气的膨胀压力大于水蒸气的膨胀压力，如果当水蒸气中含有空气时，在同一压力下，含空气蒸汽的温度低于饱和蒸汽的温度。故在使用高压蒸汽灭菌锅灭菌时，灭菌锅内的冷空气一定要排尽，不然会出现压力达到要求而温度却没达到要求的情形，使灭菌不彻底。灭菌的主要因素是温度而不是压力，因此锅内冷空气必须完全排尽后，才能关上排气阀，维持所需压力。

培养基灭菌的条件一般为0.1MPa，121.5℃，15～30min。

三、实验用品

牛肉膏蛋白胨培养基，高氏1号培养基，马丁氏培养基，马铃薯

图2-1 手提式高压蒸汽灭菌锅

培养基(PDA),豆芽汁培养基,6支装9mL蒸馏水的试管,1个装有一层玻璃珠、90mL水的三角瓶,手提式高压蒸汽灭菌锅等。

四、操作步骤

1. 加水:将内锅取出,向外层锅内加水,淹没电热圈,使水面与内锅搁架相平为宜。

连续使用时,必须在每次操作前补水到上述水位,以免烧坏电热管和发生意外。

2. 堆放:放回内层锅,将妥善包扎后的待灭菌物品放入其中,各物品间留有间隙,这样有利于高压蒸汽的穿透,提高灭菌效果。器具口端不与锅壁相触,防止冷凝水打湿包扎的纸和棉塞。

3. 上盖:将盖上的排气软管插入内层锅的排气槽内。为防止漏气,以两两相对的方式同时旋紧两个螺栓,用力相同使螺栓松紧一致。

4. 加热:接通电源,同时打开排气阀(小扳手提到竖直位置),使锅内空气和冷凝产生的水,随加热产生的压力而逸出,让水沸腾而排除锅内的冷空气。等冷空气完全排尽后(有较急的蒸汽喷出),关闭排气阀,压力表指针会随着加热逐渐上升,随着锅内蒸汽压力增加,温度也逐渐上升。

5. 保温、保压:当锅内压力升到所需压力时,控制好热源,维持所需压力到所需时间。本实验在0.1MPa,121.5℃,20min条件下灭菌。

6. 灭菌完成:断电,自然冷却到压力表指针至"0",打开排气阀,旋开螺栓,打开锅盖,取出灭菌物品。如果突然打开锅盖,会使锅内培养基因内外压力差而剧烈沸腾,冲出瓶口或管口,造成棉塞的污染,甚至会烫伤操作者。

7. 摆斜面:取出已灭菌的试管培养基,摆成斜面。其斜面的长度应为试管的1/2,待完全冷凝后方可移动。

8. 无菌检查:将斜面放入37℃恒温箱中培养24h,若无杂菌生长,即说明培养基灭菌彻底,可用。

五、注意事项

锅内冷空气必须完全排尽,才能关上排气阀,维持所需压力。

六、思考题

1. 高压蒸汽灭菌开始之前,为什么要将锅内冷空气排尽?灭菌完毕后,为什么要待压力降低至"0"时才能打开排气阀并开盖取物?

2. 在使用高压蒸汽灭菌锅灭菌时,怎样杜绝一切不安全的因素?

实验3　干热灭菌

一、实验目的

1. 了解干热灭菌的原理和应用范围。
2. 学习干热灭菌的操作技术。

二、基本原理

干热灭菌:微生物体内蛋白质在高温下会凝固变性,因而造成微生物死亡。

菌体细胞中蛋白质的凝固性与其细胞含水量有关。在菌体受热时,当细胞和环境含水量大时,蛋白质凝固就快,而含水量越少,则凝固越慢。所以,干热灭菌与湿热灭菌相比,其所需温度高(160℃～170℃),时间长(1～2h)。但是干热灭菌温度不能超过180℃,不然,包裹器皿的纸或棉塞就会烧焦,甚至引起燃烧。

三、实验用品

培养皿、试管、吸管、小铲子、涂布器、电热恒温鼓风干燥箱(图3-1)等。

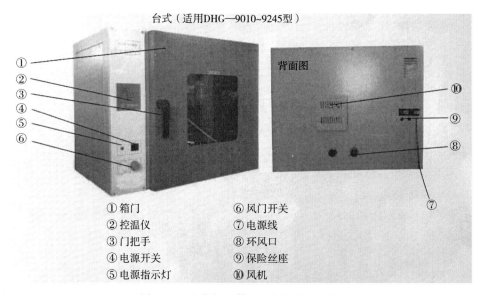

台式（适用DHG—9010~9245型）

①箱门　　⑥风门开关
②控温仪　⑦电源线
③门把手　⑧环风口
④电源开关⑨保险丝座
⑤电源指示灯⑩风机

图 3-1　电热恒温鼓风干燥箱外观结构

四、操作步骤

1. 器皿的包扎

（1）培养皿

洗净烘干的培养皿，每 10 套（或根据需要而定）叠在一起，装入特制的不锈钢桶中，装时拇指向下用力以防培养皿滑落；或将培养皿每 5 套叠在一起用报纸卷成一筒，进行灭菌。

（2）吸管、移液管

第一步，塞入适宜的棉花量。洗净烘干的移液管，在距离管口 0.5cm 处塞入 1～1.5cm 长的脱脂棉花，以防在使用时造成污染。

第二步，每支移液管用纸条包扎。取一宽 4～5cm 的纸条，移液管的尖端在头部，以 30°～50°的角度螺旋形卷起来，另一端用剩下的纸条打一个结，以防散开，标上容量。

第三步，若干支包扎好后，装入灭菌筒进行灭菌。

第四步，使用时，在打结处拧断纸条，抽出移液管。注意千万不能将棉花取出。

（3）小铲子、涂布器的包扎同吸管、移液管，只是纸条宽约 10cm。

2. 装入待灭菌物品

将包好的吸管、移液管、小铲子、涂布器、培养皿放入电烘箱内，关好箱门。

物品不可太挤，以免影响空气流通，灭菌物品不要接触电烘箱内壁的铁板，以防包装纸烤焦起火。

3. 开机通电

接通电源，在操作面板上用 SV 调节温度到 160℃～170℃，温控仪面板 PV 将显示升温过程；打开鼓风开关，当温度上升到 160℃～170℃，开始计时。

4. 恒温

当温度上升达到 160℃～170℃时，恒温调节器会自动控制调节温度，保持此温度 2h。

干热灭菌过程严防恒温调节的自动控制失灵而造成安全事故。

5. 降温

切断电源，自然降温。

6. 开箱取物

待电干燥箱内温度降到 70℃以下后，方可打开箱门，取出灭菌物品。箱内温度未降到 70℃时，切勿自行打开箱门，以免骤然降温导致玻璃器皿炸裂。

五、思考题

1. 在干热灭菌操作过程中应注意哪些问题，为什么？

2. 为什么干热灭菌比湿热灭菌所需要的温度要高、时间要长？

实验 4　微生物的分离纯化与活菌计数

一、实验目的

1. 掌握倒平板的方法和几种常用的分离纯化微生物的基本操作技术。

2. 初步观察来自土壤中的三大类群微生物的菌落形态特征。

3. 学习平板菌落计数的基本原理和方法，并掌握其基本操作。

二、实验原理

1. 微生物的分离与纯化：从一混杂的微生物群体中获得只含有某一种（株）微生物的过程称为微生物的分离与纯化。

平板分离法操作简便，普遍用于微生物的分离与纯化。其基本原理包括两个方面：

（1）选择适合于待分离微生物的生长条件，如养分、酸碱度、温度和氧等要求或加入某种抑制剂造成只利于该微生物生长，而抑制其他微生物生长的环境，从而淘汰一些不需要的微生物。

（2）微生物在固体培养基上生长形成的单个菌落可以是由一个细胞繁殖而成的集合体。因此，可通过挑取单菌落，再结合观察菌落特征和显微镜检而获得一种纯培养。

平板分离法主要有：①平板划线分离法；②稀释涂布平板法。第二种方法还可用于测定样品中的活菌数量。

2. 平板菌落计数法：待测菌液做一定稀释，平板上涂布，培养后平板上长成肉眼可见菌落；统计菌落数，以取样量和稀释倍数计算出样品中的细胞密度。用菌落形成单位（Colony Forming Unit，CFU）来表示样品活菌含量。本方法广泛用于食品、饮料、生物制品（如活菌制剂）、水（包括水源水）以及多类产品中，作为其质量检测与控制的标准方法。

3. 为什么本实验以土壤作为样品呢？因为土壤中所含微生物的种类和数量都是非常丰富的，是微生物生活的重要场所，当人们在生产和科学研究中需要微生物时，首先想到的是从土壤中去分离、纯化而获得。本实验分别采用牛肉膏蛋白胨培养基、高氏 1 号培养基、马丁氏培养基 3 种培养基从土壤中分离出细菌、放线菌、霉菌 3 种类型的微生物。

三、实验用品

1. 样品:取土表下 10～15cm 处的土壤。
2. 培养基:牛肉膏蛋白胨培养基,高氏 1 号培养基,马丁氏培养基。
3. 溶液或试剂:盛 9mL 无菌水的试管,90mL 无菌水的三角瓶(带玻珠),10% 酚溶液。
4. 仪器或其他用具:无菌玻璃涂棒,无菌移液管,接种环,无菌培养皿,酒精灯,恒温培养箱等。

四、操作步骤

1. 稀释涂布平板法

(1)无菌概念

稀释涂布平板法,如图 4-1 所示。微生物无处不在,纯培养需要无其他杂菌存在,所用器具均须灭菌。

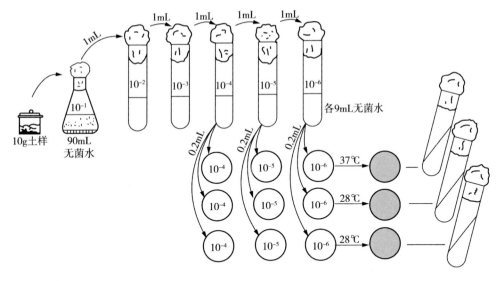

图 4-1 稀释涂布平板法示意图

(2)无菌操作

接种环灼烧灭菌,利用酒精灯顶焰 3cm,外焰 1cm 的无菌区域进行操作,如图 4-2、图 4-3 所示。

(3)倒平板

按无菌操作要求,在火焰旁操作,取熔化并冷却至不烫手的固体培养基(约 50℃),倒入无菌培养皿中,倒入量以铺满皿底为限,平放桌上待其充分凝固,备用

（图 4 - 4）。

图 4 - 2 接种环灭菌法

图 4 - 3 细菌培养物的取材

图 4 - 4 倒平板方法

① 牛肉膏蛋白胨培养基，熔化，冷却至约 50℃，无菌操作倒平板。

② 高氏 1 号培养基，熔化，冷却至约 50℃，加入 10% 的酚数滴，然后无菌操作倒平板。

③ 马丁氏培养基，熔化，冷却至 45℃ 左右时，加入 1% 的链霉素，然后无菌操作倒平板。

（4）标记

分别将 3 皿牛肉膏蛋白胨培养基平板、3 皿高氏 1 号培养基平板、3 皿马丁氏培养基平板编上 10^{-4}、10^{-5}、10^{-6} 号码，标记于皿底，并注明组别、时间。

（5）土壤稀释液的制备

① 称取土样 10g，放入盛 90mL 无菌水且有一层玻珠的三角瓶中，振荡 20min，使微生物细胞分散，静置 20～30s，即成 10^{-1} 的土壤悬液。

② 另取装有 9mL 无菌水的试管，编号为 10^{-2}、10^{-3}、10^{-4}、10^{-5}、10^{-6}，用无菌

移液管吸取 10^{-1} 土壤悬液 1mL,沿管壁缓缓注入编号 10^{-2} 的 9mL 无菌水试管中,注意管尖不能接触液面,即成 10^{-2} 的土壤稀释液。振摇试管或换用 1 支无菌移液管反复吹打使其混合均匀,制成 10^{-2} 的土壤悬液。用这支反复吹打的移液管取 10^{-2} 土壤悬液 1mL,沿管壁缓缓注入编号 10^{-3} 的 9mL 无菌水试管中,注意管尖不能接触液面,即成 10^{-3} 的土壤稀释液。同法依次分别稀释成 10^{-4}、10^{-5} 和 10^{-6} 等一系列稀释度菌悬液,注意每次一定要更换一支无菌移液管(连续稀释)(图 4-5)。

(6)取土壤稀释液(土壤菌悬液)

用三支 1mL 无菌吸管分别于 10^{-4}、10^{-5}、10^{-6} 三管土壤稀释液中各吸取 0.2mL 对号放入已写好稀释度的平板的中间,整个操作过程应严格按照无菌操作。

(7)涂布、培养

用无菌玻璃涂棒在培养基表面轻轻地将 0.2mL 土壤菌悬液涂布均匀,如图 4-6所示。然后将牛肉膏蛋白胨培养基平板倒置于 37℃ 恒温培养箱中培养 1 天,将高氏 1 号培养基、马丁氏培养基平板倒置于 28℃ 恒温培养箱中培养 3～5 天。

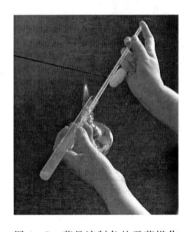

图 4-5　菌悬液制备的无菌操作　　　　图 4-6　涂布示意图

(8)挑菌落

将平板上长出的单个菌落分别挑取少许菌苔接种到牛肉膏蛋白胨培养基、马丁氏培养基、高氏 1 号培养基的试管斜面上,然后置于 37℃ 和 28℃ 恒温箱中培养;待菌苔长出后,检查菌苔是否特征一致,同时用显微镜涂片染色检查是否是单一的微生物,若有其他杂菌混杂,就可再一次进行分离、纯化,直至获得纯培养。

2. 平板划线分离法

(1)倒平板

同稀释涂布平板法。

（2）划线

在近火焰处，左手拿皿底，右手拿接种环，挑取上述 10^{-1} 的土壤悬液一环在平板上划线。划线的方法有很多，但无论采用哪种方法，其目的都是通过划线将样品在平板上进行稀释，培养后能形成单个菌落。本实验描述两种常用的划线方法，如图 4-7 所示。

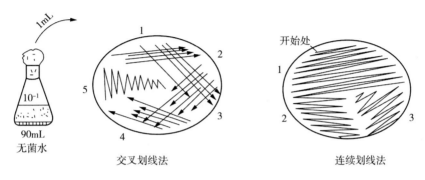

图 4-7　平板划线示意图

① 用接种环按无菌操作挑取土壤悬液一环，先在平板培养基的一边作第一次平行划线 3～4 次，再转动平板约 70°角，并将接种环上的剩余物烧掉，待冷却后挑取悬液穿过第一次划线部分进行第二次划线，再用同样的方法穿过第二次划线部分进行第三次划线或再穿过第三次划线部分进行第四次划线。划线完毕后，盖上培养皿盖，倒置于温室培养。

② 将挑取有样品的接种环在平板培养基上作连续划线（图 4-7）。划线完毕后，盖上培养皿盖，倒置于温室培养。

（3）挑菌落

从分离的平板上单个菌落挑取少许菌苔，涂在载玻片上，在显微镜下观察细胞的个体形态，结合菌落形态特征，综合分析。如不纯，仍需要用平板划线分离法进行纯化，直至确认为纯培养为止。

3. 平板菌落计数（活菌计数）

（1）土壤稀释液的制备

同稀释涂布平板法。

（2）标记

分别将 6 个无菌平皿于皿底标记上 10^{-4}、10^{-5}、10^{-6} 号码，每个浓度二皿，并注明组别、时间。

（3）取土壤稀释液

用三支 1mL 无菌移液管分别于 10^{-4}、10^{-5}、10^{-6} 三管土壤稀释液中各吸取 1mL，对号放入已写好稀释度的无菌培养皿中，整个操作过程应严格按照无菌操作。

（4）倒培养基

细菌：将冷却至 45℃ 的牛肉膏蛋白胨培养基约 15mL 分别倒入 10^{-4}、10^{-5}、10^{-6} 各二皿中，在桌面轻轻转动平皿，使菌液与培养基充分混合，但不沾湿皿的边缘，待琼脂凝固即成细菌平板。倒平板注意无菌操作。

（5）培养

将平板倒置于 37℃ 恒温培养箱中培养 24h。

（6）计数

培养 24h 后取出培养平板，根据统计的菌落数，计算出同一稀释度 2 个平板上的菌落平均数，按下列公式进行计算：

每毫升样品中菌落形成单位数（CFU）＝同一稀释度 2 次重复的平均菌落数×稀释倍数

一般选择每个平板上长有 30～300 个菌落的稀释度计算每毫升的含菌量较为合适。同一稀释度的 2 个重复平板上的菌落数应相差不大，否则表明实验不精确。平板菌落计数法所选择的稀释度非常重要，一般以 3 个连续稀释度中的第 2 个稀释度在平板上出现的平均菌落数在 50 个左右为好，不然需增加或减少稀释度。

五、注意事项

1. 操作中要有无菌的概念，并注意无菌操作。

2. 涂布时要均匀，培养后菌落在整个平板表面分布均匀。

3. 划线时不能划破培养基，要使菌落在平板表面生长。

4. 平板菌落计数时，菌液加入培养皿后，应尽快倒入熔化且冷却至 45℃ 左右的培养基，并混匀，以防细菌不易分散并使菌落长在一起（因细菌易吸附于玻璃器皿表面），从而不利于计数。

六、结果观察

菌落特征的观察：

用肉眼观察生长在琼脂平板上的各种菌落，并根据下列要求对每种菌落特征加以描述。

1. 菌落的大小：局限生长或蔓延生长，菌落的直径和高度。

2. 菌落的颜色：正面和背面的颜色，培养基的颜色变化。

3. 菌落的形态：干燥、湿润、光滑、粗糙、棉絮状、网状、疏松或紧密、同心轮纹、放线状的皱褶等。

七、思考题

1. 在你所实验的三种培养基平板上长出的菌落属于哪个类群？简述它们的菌落形态特征。

2. 划线分离时，为什么每次都要将接种环上多余的菌体烧掉？划线为何不能重叠？

3. 培养时为什么要将培养皿倒置培养？

实验 5　细菌的简单染色法

一、实验目的

1. 掌握细菌的简单染色法。
2. 通过简单染色法比较细菌菌体细胞形态和排列方式。

二、实验原理

细菌由于个体微小、菌体较透明,不便观察。人们借助染色法使菌体着色,与背景形成鲜明的对比,才便于在显微镜下进行观察。

在中性、碱性或弱酸性溶液中,细菌细胞通常带负电荷,因而常用碱性染料如美蓝、结晶紫等对细胞进行简单染色。碱性染料在电离时,其分子的染色部分带正电荷(酸性染料电离时,其分子的染色部分带负电荷),因此碱性染料的染色部分很容易与细菌结合使细菌着色。经染色后的细菌细胞与背景形成鲜明对比,在显微镜下更易于识别。

三、实验用品

1. 菌种:土壤中分离的细菌。
2. 染料:吕氏美蓝染液、草酸铵结晶紫染液。
3. 其他:显微镜、载玻片、接种环、酒精灯、香柏油、二甲苯、生理盐水、擦镜纸等。

四、操作步骤

1. 涂片:先滴一小滴生理盐水于载玻片中央,用接种环从斜面上挑取少许菌苔,与载玻片上的水滴混合均匀,涂成一薄层,如图 5-1 所示。或用接种环从试管培养液中取一环菌,于载玻片中央涂成薄层,涂层的面积约 $1cm^2$。

2. 干燥:在酒精灯上方稍加温,使之迅速干燥,但勿靠近火焰。以手背感知,以不烫手背为宜,加热过度会使菌体细胞脱水变形,影响观察结果。涂片后也可在室温下自然干燥。

3. 固定:常用高温进行固定。即手持载玻片一端,标本面朝上,在灯的火焰外侧快速来回移动 3~4 次,共约 3~4 秒。要求玻片温度不超过 60℃,以玻片背面触及手背皮肤不觉得过烫为宜,放置待冷后染色。

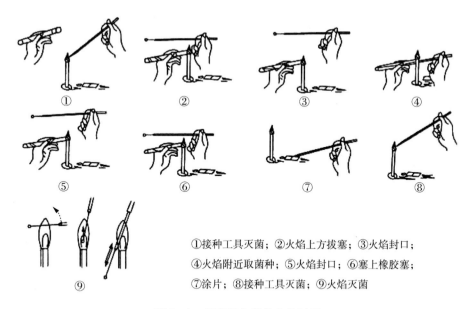

①接种工具灭菌；②火焰上方拔塞；③火焰封口；④火焰附近取菌种；⑤火焰封口；⑥塞上橡胶塞；⑦涂片；⑧接种工具灭菌；⑨火焰灭菌

图 5-1　无菌操作及涂片的过程

固定的目的是：

(1)杀死微生物,固定其细胞结构；

(2)保证菌体能牢固地黏附在载玻片上,以免水洗时被水冲掉；

(3)改变菌体对染料的通透性,一般死细胞原生质容易着色。

4. 染色：滴加吕氏美蓝染液（或其他染色液）,覆盖玻片涂菌部分,染色 1 分钟。

5. 水洗：斜置玻片,用细小的缓水流自标本的上端流下,洗去多余的染料,勿使水流直接冲洗涂菌处,直到流下的水无色为止。

6. 干燥：将标本置于桌上风干,也可用吸水纸轻轻地吸去水分,或微微加热,以加快干燥速度。

7. 镜检：

(1)低倍镜下找到要观察的样品区域；

(2)高倍镜观察更加清楚的视野；

(3)最后油镜观察。用粗调节器将镜筒升高,然后将油镜转到工作位置,在待观察的样品区域加滴香柏油,从侧面注视,用粗调节器将镜筒小心地降下,使油镜浸在镜油中并几乎与标本相接。用粗调节器将镜筒徐徐上升,直至视野中出现物像并用细调节器使其清晰准焦为止。有时按上述操作还找不到目的物,则可能是由于油镜头下降还未到位,或因油镜上升太快,以致眼睛捕捉不到一闪而过的物像,遇此情况,应重新操作。另外应特别注意,不要在下降镜头时用力过猛,或调焦时误将粗调节器向反方向转动而损坏镜头及载玻片。

8. 显微镜用毕后的处理:

(1)上升镜筒,取下载玻片。

(2)用擦镜纸拭去镜头上的镜油,之后用擦镜纸蘸少许二甲苯擦去镜头上残留的油迹,然后再用干净的擦镜纸擦去残留的二甲苯。切忌用手或其他纸擦拭镜头,以免使镜头沾上污渍或产生划痕,影响观察。

(3)用擦镜纸清洁其他物镜及目镜,用绸布清洁显微镜的金属部件。

(4)将各部分还原,反光镜垂直于镜座,将物镜转成"八"字形,再向下旋。同时把聚光镜降下,以免接触物镜与聚光镜发生碰撞危险。

五、注意事项

干燥时在酒精灯上略加温,使之迅速干燥,但勿靠近火焰。以玻片背面触及手背皮肤不觉过烫为宜,否则菌体会因脱水而易变形。

油镜使用完毕后一定要用二甲苯擦拭镜头。

六、实验结果

用油镜观察细菌单染色标本并照相。

七、思考题

1. 制备细菌染色标本时,尤其应该注意哪些环节?

2. 如果你的涂片未经加热固定,将会出现什么问题?如果加热温度过高、时间太长,又会怎么样呢?

实验6　显微镜油浸系物镜的使用

一、实验目的

学习并掌握普通光学显微镜油镜的使用技术及维护的基本知识。

二、实验原理

油镜,即油浸系物镜。为什么要使用油镜呢? 有以下两个原因:

1. **增加显微镜照明度**

100 倍的油镜头由于放大倍数高、焦距短、镜片直径小,所以所需光量多。但当光线由反光镜通过玻片与镜头之间的空气时,由于空气与玻片的密度不同,使光线受到曲折,发生散射,从而降低了视野的照明度。若中间的介质是一层油(其折射率与玻片相近),则几乎不发生折射,可增加视野的进光量,从而使物像更加清晰(图 6 - 1)。

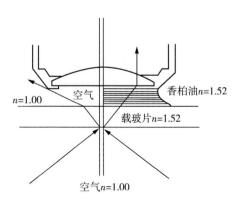

图 6 - 1　干燥系物镜与油浸系物镜光线通路

2. **提高显微镜的分辨率**

显微镜的分辨率,是表示显微镜辨析两点之间距离的能力。可用公式表示为:

$$D = \lambda / 2n \cdot \sin(\alpha/2)$$

式中,D——物镜分辨出物体两点间的最短距离;

　　　λ——可见光的波长(平均 $0.55 \mu m$);

　　　n——物镜和被检标本间介质的折射率(香柏油 $n = 1.52$,水 $n = 1.16$);

　　　α——镜口角(即入射角)。

D 值越小,分辨率越高,看到的物像越清晰。要使 D 值越小,式中分母应越大,只能使 n 值最大(因 λ、α 是固定值),而香柏油 $n=1.52$ 与玻璃相同,所以为了提高显微镜的分辨率,可选择香柏油作为物镜和被检标本间的介质。

三、实验用品

细菌单染色标本、显微镜、香柏油、二甲苯、擦镜纸等。

四、操作步骤

使用油镜按下列步骤操作:

1. 认清物镜头。

10×:低倍镜、黄色圈;40×:高倍镜、蓝色圈;100×:高倍镜、白色圈。

2. 打开电源。

3. 打开光源。

4. 装片。

5. 低倍镜观察:先粗调,再微调,找到染色区域清晰的物像。

6. 高倍镜观察:转出低倍镜,转入高倍镜,微调,找到染色区域中更加清晰的物像。

7. 油镜观察:

(1)先用粗调节旋钮将镜筒提升(或将载物台下降)约 2cm,并将高倍镜转出。

(2)在玻片标本的镜检部位滴上一滴香柏油。

(3)从侧面注视,用粗调节旋钮将载物台缓缓地上升(或镜筒下降),使油浸物镜浸入香柏油中,使镜头几乎与标本接触。

(4)从接目镜内观察,将聚光镜上的虹彩光圈开到最大,使光线充分照明。

(5)往人体方向调节粗旋钮将镜筒上提(或载物台徐徐下降),当出现物像一闪后改用细调节旋钮调至最清晰为止。如油镜已离开油面而仍未见到物像,必须再从侧面观察,重复上述操作。

8. 镜检完毕后的工作:

(1)关闭光源,关闭电源,下降载物台,转出油镜头。

(2)清洁油镜头:先用擦镜纸擦去镜头上的油,再用擦镜纸蘸少许二甲苯或乙醚酒精混合液(乙醚 2 份,纯酒精 3 份),擦去镜头上残留的油迹,最后再用擦镜纸擦拭 2～3 下即可(注意向同一个方向擦拭)。

9. 将各部分还原,转动物镜转换器,使物镜头不与载物台通光孔相对,而是成"八"字形位置,再将镜筒下降至最低,降下聚光器,反光镜与聚光器垂直,罩上罩子以免目镜头沾污灰尘。

五、注意事项

油镜使用完毕后一定要用二甲苯擦拭镜头。

六、实验结果

用油镜观察细菌染色标本并照相。

七、思考题

1. 为什么使用油镜时要滴加香柏油？
2. 油镜使用完后如何清洗镜头？

实验 7　革兰氏染色法

一、实验目的

掌握革兰氏染色反应原理、操作步骤和意义。

二、实验原理

革兰氏染色法是 1884 年由丹麦病理学家 Christian Gram 创立的,而后一些学者在此基础上做了某些改进。革兰氏染色法是细菌学中最重要的鉴别染色法,因为通过此法染色,可将细菌鉴别为革兰氏阳性菌(G^+)和革兰氏阴性菌(G^-)两大类。

革兰氏染色过程所用的四种不同溶液及其作用如下:

1. 初染剂:结晶紫(碱性染料),让细菌易着色,染上紫色,其原理同单染色。

2. 媒染剂:常用碘液,可加强染料与细胞的结合力,形成结晶紫与碘的复合物。

3. 脱色剂:95％的乙醇,使染料从染色的细胞中脱出,让被染细胞脱色。不同的细菌对染料脱色的程度不尽相同,以此可将不同类的细菌区分开来。不容易被脱色剂脱色的是革兰氏阳性类细菌,而易被脱色的是革兰氏阴性类细菌。

4. 复染液:也是一种碱性染料,目的是使被脱色的细菌重新染上另一种颜色,便于与未脱色细菌比对。这里用的是番红溶液。

一般认为细菌细胞壁含有肽聚糖层和脂质层,而革兰氏阳性细菌的肽聚糖层较厚、脂质层较薄,经乙醇处理发生脱水作用后使细胞壁上的孔径变小,结晶紫-碘复合物被保留在细胞内没有被脱色,还是紫色,复染时红色染不上,仍为紫色;而革兰氏阴性细菌的肽聚糖层很薄,脂质层厚,脂肪含量高,经乙醇处理后部分细胞壁的脂肪被溶解,使细胞壁上的孔径变大,增加了细胞壁的通透性,使结晶紫-碘复合物被洗去而被脱色,呈无色,经复染后为红色。

三、实验用品

1. 菌种:培养 24h 大肠杆菌(*Escherichia coli*),培养 12～16h 的枯草芽孢杆菌(*Bacillus subtilis*)。

2. 染色液和试剂:草酸铵结晶紫染液、卢哥氏碘液、0.4％复红酒精液(95％)、无菌生理盐水、二甲苯溶液、香柏油。

3. 其他:显微镜、载玻片、接种环、酒精灯、擦镜纸等。

四、操作步骤

操作过程如下:

涂片—干燥固定—初染(草酸铵结晶紫染色 1min)—水洗—媒染(卢哥氏碘液覆盖 1min)—水洗—脱色复染(0.4%复红酒精液作用 50～60s)—水洗—干燥—镜检(低倍镜—高倍镜—油镜)。

五、注意事项

1. 载玻片要洁净无油迹。涂片时,滴水不要过多,挑菌量宜少,涂片要均匀,菌膜宜薄。

2. 革兰氏染色成败的关键是酒精脱色。

3. 染色过程中勿使染色液干涸。

4. 选用幼龄的细菌。

六、实验结果

观察革兰氏染色反应的结果(说明各菌的形状、颜色)。

七、思考题

1. 你认为哪些环节会影响革兰氏染色结果的正确性?其中最关键的环节是什么?

2. 当你对一株未知菌进行革兰氏染色时,怎样能确证你的染色技术操作正确、结果可靠?

实验 8 酵母菌的形态观察及死活细胞的鉴别

一、实验目的

1. 学会酵母菌的制片方法。
2. 观察酵母菌的形态、死活细胞的鉴别及出芽生殖方式。
3. 掌握真菌的一般形态特征及其与细菌的区别。

二、实验原理

酵母菌是单细胞真核微生物,不运动,个体比常见细菌大几倍。酵母菌多以出芽方式进行无性繁殖,或通过结合产生子囊孢子进行有性繁殖。因为酵母菌的细胞较大,一般采用美蓝染液水浸片来观察它们的形态和出芽生殖方式。

美蓝是一种对细胞无毒性的染料,其氧化型呈蓝色,还原型为无色。用美蓝对酵母菌细胞进行染色时,因活细胞具有新陈代谢作用、有较强的还原能力,能使美蓝由氧化型的蓝色变为还原型的无色。因此,活的酵母菌具有还原能力,细胞是无色的,而死细胞或衰老的细胞则呈蓝色或淡蓝色,以此可对酵母菌的死活细胞进行鉴别。

三、实验用品

1. 菌种:酵母菌(*Saccharomyces . sp*)。
2. 溶液或试剂:0.1%吕氏碱性美蓝染色液。
3. 仪器或其他用具:显微镜、擦镜纸、接种环、载玻片、盖玻片等。

四、操作步骤

1. 在载玻片中央滴加一滴 0.1%吕氏碱性美蓝染色液,然后按无菌操作用接种环挑取少量酵母菌落(苔)放在染色液中,轻轻混合均匀。
2. 用镊子取一块盖玻片,先将一边与菌液接触,然后慢慢将盖玻片放下,使其盖在菌液上。注意避免气泡的产生。
3. 将制片放置约 3min 后镜检,先用低倍镜,然后用高倍镜观察酵母菌的形态、出芽等情况,并根据颜色来区别死活细胞。
4. 染色约 30min 后再次观察,注意死细胞数量是否增加。

五、注意事项

染色液不宜过多或过少,否则,在盖上盖玻片时,菌液会溢出或出现大量气泡而影响观察。

六、实验结果

将观察到的酵母菌形态与死活菌体进行拍照,然后鉴别结果:

1. 在图中表示出所观察到的酵母菌的单个、出芽生殖等形态;
2. 描述不同染色时间时酵母菌的死活细胞颜色及其数量变化。

七、思考题

1. 吕氏碱性美蓝染色液染色时间的不同对酵母菌死细胞数量有何影响?试分析原因。
2. 在显微镜下酵母菌有哪些突出的特征区别于一般的细菌?

实验 9　放线菌和霉菌的培养与形态观察

一、实验目的

1. 学会放线菌、霉菌的制片方法。
2. 了解和熟悉放线菌、根霉、曲霉、青霉的形态构造。

二、基本原理

1. 放线菌

放线菌是指能形成分枝丝状体或菌丝体的一类革兰氏阳性细菌。放线菌的孢子丝形状和孢子排列情况是放线菌分类的重要依据。观察放线菌的形态特征,常用以下方法:

(1)插片法

将灭菌盖玻片插在琼脂平板上,放线菌接种于盖玻片与培养基交界处,培养后使放线菌丝沿着培养基表面与盖玻片的交接处生长而附着在盖玻上,观察时,轻轻取出盖玻片,置于载玻片上直接镜检。这种方法既能保持放线菌的自然生长,也便于观察不同生长期的形态特征。

(2)玻璃纸法

玻璃纸是一种透明的半透膜,将灭菌的玻璃纸覆盖在琼脂平板表面,然后将放线菌接种于玻璃纸上,由于玻璃纸的半透膜特性,培养基的营养物质可以透过玻璃纸供放线菌生长,几天后,玻璃纸上形成放线菌菌苔。观察时,从培养基上取下玻璃纸,放于载玻片上直接镜检。本法可观察到放线菌自然生长状态下的特征,且便于观察不同生长期的形态。

(3)印片法

将要观察的放线菌的菌落或菌苔,先印在载玻片上,经染色后观察。这种方法主要用于观察孢子丝的形态、孢子的排列及其形状等。该方法简便,但形态特征可能有所改变。

2. 霉菌

霉菌在固体培养基上长成绒毛状或棉絮状,呈多种颜色。霉菌菌丝体由三部分组成:基内菌丝、气生菌丝和繁殖丝(也叫产孢器)。菌丝内部构造在显微镜下观察时皆呈管状,菌丝比细菌和放线菌要粗大得多,可用低倍镜观察。

霉菌的繁殖方式总的来说分为无性繁殖和有性繁殖两种。繁殖方式是其分类的重要依据。另外菌丝体与菌落形态的特征也是鉴别时的依据。霉菌的形态特征常用以下三种方法观察。

(1)直接制片观察法:将培养的霉菌用接种针挑于乳酸石炭酸溶液中,做成霉菌制片镜检。其特点是:细胞不变形、具有防腐作用、不易干燥、保持较长时间、可防止孢子分散等。也可用树胶封固,制成永久标本长期保存。

(2)载玻片培养观察法(图9-1):无菌操作将少量固体培养基放在载玻片上,接种后盖上盖玻片培养,霉菌即在载玻片与盖玻片之间的有限空间内沿盖玻片横向生长。经培养后,在显微镜下可直接观察到载玻片上的培养物。此法可保持霉菌的自然生长状态,也便于观察不同生长期的霉菌。

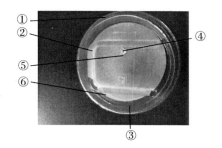
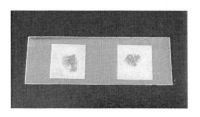

图9-1 载玻片培养示意图
①培养皿 ②搁棒 ③载玻片 ④培养基及微生物培养物 ⑤盖玻片 ⑥滤纸

(3)玻璃纸培养观察法:此法与放线菌的玻璃纸培养观察法类似。该方法也可用于观察不同生长阶段的霉菌形态,具有良好的效果。

三、实验用品

1. 菌种:细黄链霉菌(*Streptomyces microflavus*),又称"5406"抗生菌;根霉菌(*Rhizopus. sp*)、曲霉菌(*Aspergillus. sp*)、青霉菌(*Penicillium. sp*)。

2. 器材:高氏1号培养基,马丁氏培养基,灭菌培养小室(培养皿、滤纸、U形棒、载玻片、盖玻片),无菌培养皿,灭菌盖玻片,灭菌20%甘油,酒精灯,接种环,镊子,小刀,吸水纸,擦镜纸,培养箱,显微镜。

四、操作步骤

1. 插片法培养"5406"(要求无菌操作)
(1)倒较厚的高氏1号培养基平板。
(2)呈45°角斜插灭菌盖玻片于平板上。
(3)接种"5406"于盖玻片与培养基交界处(钝角的那面)。
(4)皿底贴标签:组别、人名。

(5)置于 28℃培养箱中,倒置培养 3～5d。

2. 载片法培养霉菌(要求无菌操作)

(1)培养小室的准备及灭菌:在一直径 10cm 的培养皿中放一张滤纸,其上放 U 形棒,U 形棒上放两张载玻片,四个盖玻片斜放于 U 形棒的顶端,盖上皿盖,干热灭菌 160℃～170℃,2h。

(2)倒一个马丁氏培养基的平板,冷凝后用灭菌小刀划出小块。

(3)用灭菌镊子取小绿豆大小的培养基于载玻片两端。

(4)分别接种根霉、青霉、曲霉于载玻片的培养基上。

(5)用灭菌镊子取灭菌盖玻片盖上,并轻轻压一下。

(6)放 20％的灭菌甘油将小室的滤纸浸湿,为培养霉菌保湿。

(7)贴标签:菌名、组别、人名。

(8)置于 28℃培养箱中,培养 3～5d。

3. 镜检

(1)放线菌:用镊子小心拔出盖玻片,除去背面培养物,菌面朝上放于载玻片上,直接镜检。镜检时,光较暗。先低倍镜后高倍镜观察基内菌丝、气生菌丝、孢子丝、孢子。

(2)霉菌:直接镜检。

① 根霉用低倍镜观察孢子囊、中轴体的形状,有无假根和葡萄菌丝;用高倍镜观察孢子的形状、颜色、大小等。

② 黑曲霉用低倍镜观察其分生孢子的形状、颜色、大小,顶囊的形状,小梗的排列方式,菌丝的隔膜。

③ 青霉用高倍镜观察其分生孢子的形状、颜色、大小,小梗的排列方式,菌丝的隔膜。

五、注意事项

整个操作过程要求无菌操作。

六、实验结果

1. 观察放线菌的基内菌丝和气生菌丝。

2. 观察并描述根霉、曲霉、青霉的产孢结构。

七、思考题

1. 镜检时,如何区分放线菌的基内菌丝和气生菌丝?

2. 什么叫载玻片湿室培养? 它适用于观察怎样的微生物,有何优点?

3. 湿室培养时为何用 20％甘油作保湿剂?

实验 10　微生物血球计数板直接计数法

一、实验目的

1. 了解血球计数板的构造与原理。
2. 掌握使用血球计数板对微生物进行直接计数的方法。

二、基本原理

微生物直接计数法是指将少量样液悬浮于血球计数板上,在显微镜下直接计数的方法,可用于细菌、酵母菌、霉菌孢子的直接计数。其优点为:常用、简便、快捷、直观;缺点是:计数结果为活菌体与死菌体的总和。当然现在已经有只计活菌的方法。

血球计数板是一块特制的比常用载玻片厚的玻片(图 10-1),玻片上有 4 条下凹的槽构成了 3 个平台。中间平台较宽,被一短横槽分隔为两半,两半的平台上又各刻有 1 个小方格网,此方格网上刻有 9 个大方格,最中间的 1 个大方格为计数室,板上有上下两个计数室。

我们所用的血球计数板的计数室的刻度规格是:分成 25 个中方格(四周均为双线),每个中方格再分成 16 个小方格,共 400 个小方格。另一种(未用)规格为分成 16 个中方格,每个中方格再分成 25 个小方格,也是 400 个小方格。这一计数室的长和宽各为 1mm,面积为 1mm²,盖玻片与计数板之间的高度为 0.1mm,因而计数室的体积为 0.1mm³。

一般数 5 个中方格的总菌数,再除以 5 得到每个中方格的平均值,然后乘以 25,就得到 1 个大方格中的总菌数,然后再换算成 1mL 菌悬液中的总菌数。

若 5 个中方格中的总菌数为 A,菌悬液的稀释倍数为 B,且是 25 个中方格的计数板,则:

$$1\text{mL 菌悬液中的总菌数} = \frac{A}{5} \times 25 \times 10^4 \times B = 50000A \times B(\text{个/mL})$$

每个计数室选 5 个中方格(可选 4 个角和中间的 1 个中方格)中的菌体进行计数。若遇酵母菌出芽,芽体大小达到母细胞的一半时,即可作为两个菌体计数。计数一个样品要从两个计数室得到的平均值来计算样品的含菌量。位于格线上的菌体一般只计此格的上方及右方线上的菌体。

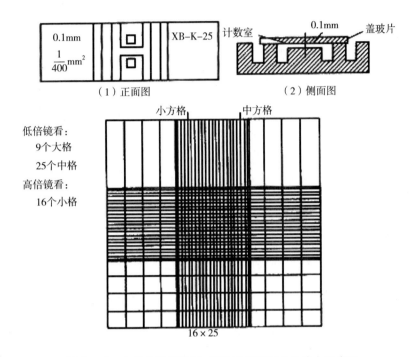

图 10-1 血球计数板正面、侧面图与正面方格放大示意图

三、实验用品

1. 菌种：酵母菌（*Saccharomyces. sp*）斜面。

2. 仪器或其他用具：显微镜、血球计数板、无菌滴管、盖玻片、无菌生理盐水等。

四、操作步骤

1. 菌悬液稀释

无菌操作，10mL 无菌生理盐水加入酵母菌斜面中，用接种环将菌苔轻轻完全刮下，充分振荡，再用无菌移液管取 1mL 菌悬液到 9mL 生理盐水中。

在计数前若发现菌悬液太浓或太稀，可重新稀释后再计数。一般样品稀释度要求每个小方格内有 5～10 个菌体为宜。

2. 镜检计数板的计数室

在加样前，先对计数板的计数室进行镜检。若有污物，则需清洗，吹干后才能进行计数。

3. 加样品

于清洁干燥的血球计数板盖上盖玻片，用无菌滴管将摇匀的菌悬液在盖玻片边缘滴一小滴,利用毛细渗透作用让菌悬液沿细缝自动进入计数室。

4. 显微镜计数

(1)加样后静置约 5 分钟。

(2)将血球计数板置于显微镜的载物台上,先用低倍镜找到计数室所在的位置,即 9 个大方格最中间那个大方格(含 25 个有双线的中方格)。

(3)然后用低倍镜找到有双线的中方格,计数时按五点取样法计数,即选择 5 个中方格,它们的位置分别是:左边最上最下,右边最上最下以及最中间那个。

(4)高倍镜下进行计数。

选择一个有双线的中方格(由 16 个小方格组成),计数时数的是每 1 个小方格中的酵母菌数(合适的稀释度是每 1 个小方格中的酵母菌数为 5~10 个),注意压线的酵母菌,不能重复计数,可采用每 1 个小方格均按左上边线法或右下边线法来计数,记下这个中方格的酵母菌数;再数余下的 4 个中方格的菌数,记录计数结果。

5. 清洗血球计数板

使用完毕后,用自来水冲洗血球计数板和盖玻片至干净,勿用硬物洗涮,洗完后斜放于搪瓷盘中自行晾干。镜检,观察每个小格内是否有残留菌体或其他沉淀物。若不干净,则必须重复洗涤至干净为止。

五、事项注意

加样时,计数室不可有气泡产生;计数时不能重复。

六、实验结果

将结果记录于表 10－1 中。A 表示 5 个中方格中的总菌数;B 表示菌悬液稀释倍数。

表 10－1　显微直接计数结果

计数室	各格中菌数(中方格)					总菌数 (A)	稀释度 (B)	菌数 /mL	平均值
	1	2	3	4	5				
第一室									
第二室									

七、思考题

1. 用血球计数板计数时,哪些步骤容易造成误差? 应如何尽量减少误差、力求准确?

2. 如何判断所计数的酵母菌为活菌体? 怎样计算样品中的活菌率?

（二）生物化学部分

实验 11　酪蛋白的制备

一、实验目的

学习并掌握从市售牛奶中提取和制备酪蛋白的原理和方法。

二、实验原理

本实验是验证实验，主要选取的方法是等电点沉淀法。牛奶中的主要蛋白质是酪蛋白，含量约为 3.5g/100mL。酪蛋白等电点为 4.7。利用等电点时溶解度最低、易沉淀的原理，对牛奶进行 pH 值调节，将其调节至 4.7 时，酪蛋白就会沉淀出来。用乙醇洗涤沉淀物，除去脂类杂质后便可得到纯的酪蛋白。

三、实验用品

1. 试剂

(1)牛奶，2500mL。

(2)95％乙醇，1200mL。

(3)无水乙醚，1200mL。

(4)0.2mol/L pH 值为 4.7 醋酸-醋酸钠缓冲液，3000mL。

先配制 A 液与 B 液。

A 液：0.2 mol/L 醋酸钠溶液。称 NaAc·3H₂O 54.44g，定容至 2000mL。

B 液：0.2 mol/L 醋酸溶液。称优级纯醋酸（含量大于 99.8％）12.0g，定容至 1000mL。

取 A 液 1770mL，B 液 1230mL，混合即得 pH 值为 4.7 的醋酸-醋酸钠缓冲液 3000mL。

(5)乙醇-乙醚混合液 2000mL。乙醇：乙醚＝1：1(V/V)。

2. 器材

(1)离心机;(2)抽滤装置;(3)精密 pH 试纸或酸度计;(4)电炉;(5)烧杯;(6)温度计。

四、操作步骤

1. 用量筒取 100mL 牛奶,倒入合适的 250mL 规格的烧杯中,将装有牛奶的烧杯放入 40℃ 的恒温水浴锅,加热至 40℃(用温度计监测)。同时,用量筒量取 100mL、pH 值为 4.7 的醋酸缓冲液,倒入合适的 250mL 规格的烧杯,也放入 40℃ 的恒温水浴锅加热至 40℃(用温度计监测)。然后取出分别装有牛奶和醋酸缓冲液的烧杯,将牛奶在搅拌下慢慢加入醋酸缓冲液中,用精密 pH 试纸或酸度计检测混合溶液的 pH 值,并用相应的酸碱调节 pH 值至 4.7。

将上述悬浮液冷却至室温。然后将混合溶液转入 250mL 规格的离心杯中,离心 15min(3000r/min)。弃去上清液,得沉淀,即为酪蛋白粗制品。

2. 向装有酪蛋白粗制品的离心杯中加入 100mL 蒸馏水,用玻璃棒轻轻搅拌洗涤 1 次,再离心 10min(3000r/min),离心完成后弃去上清液,保留沉淀。

3. 用量筒量取 30mL 无水乙醇,倒入保留在离心杯的沉淀中,用玻璃棒轻轻搅拌片刻后,将全部悬浊液转移至纱布漏斗中过滤,过滤后的沉淀被包在纱布中。

4. 用量筒量取 30mL 乙醇-乙醚等体积混合液,倒入烧杯中,把包有沉淀的纱布袋子放入烧杯中浸泡 3～5min,并上下提放洗涤多次。

5. 最后,把包有沉淀的纱布袋子放入装有 30mL 乙醚(量筒量取)的烧杯中,上下提放洗涤多次。

6. 用玻璃棒将纱布袋中的沉淀摊拨在表面皿上,并将酪蛋白沉淀拨碎,颗粒越细小越好,然后将表面皿放入烘箱中 50℃～80℃烘干,得酪蛋白纯品。

7. 准确称重,计算含量和得率。

含量:酪蛋白 g/100mL 牛乳(g%)

得率:$\dfrac{测得含量}{理论含量} \times 100\%$

式中理论含量为 3.5g/100mL 牛乳。

五、注意事项

1. 由于本法是应用等电点沉淀法来制备蛋白质,故调节牛奶液的等电点一定要准确。最好用酸度计测定。

2. 精制过程中用的乙醚是挥发性、有毒的有机溶剂,应在通风橱内操作。

3. 目前市面上出售的牛奶是经加工的奶制品,不是纯净牛奶,所以计算时应按产品的相应指标计算。

4. 注意提前准确量取表面皿的质量。

六、实验结果

1. 根据实际操作，以流程图形式总结酪蛋白的制备方法。
2. 合理分析实验所得率及其原因。

七、思考题

1. 制备高产率纯酪蛋白的关键是什么？
2. 试设计另一种制备酪蛋白的方法。

实验 12 总氮量的测定——凯氏(Micro‐Kjeldahl)定氮法

一、实验目的

学习蛋白质含量少的食品原料中蛋白质的常用定量方法——凯氏定氮法的原理和操作技术。

二、实验原理

当食品原料中蛋白质的含量较少时,如在 $0.2\sim2mg$ 范围内,常用凯氏定氮法测定天然有机物(如蛋白质、核酸及氨基酸等)的含氮量。已知蛋白质的含氮量通常为 $15\%\sim17\%$,平均值为 16%,因此只要测出含氮量,再乘以 6.25 即可知蛋白质的粗略含量。测定氮含量的原理为:当食品原料与浓硫酸共热时,其中的碳、氢两种元素被氧化成二氧化碳和水,而氮则转变成氨,氮元素转变成的氨进一步与硫酸作用生成硫酸铵。至此,食品原料中的氮元素被转化成了硫酸铵,此过程通常称为"消化"。

注意:这个反应进行得非常缓慢,通常需要加入硫酸钾或硫酸钠以提高反应液的沸点,但硫酸钠不如硫酸钾提高沸点的作用强大,故一般选用硫酸钾。H_2SO_4 的沸点是 $338℃$,加入 K_2SO_4 后,沸点可提高到 $400℃$ 以上,可以促进消化完全;还要加入硫酸铜作为催化剂,以加快反应速度。如甘氨酸的消化过程可表示为:

$$CH_2NH_2COOH + 3H_2SO_4 \longrightarrow 2CO_2\uparrow + 3SO_2\uparrow + 4H_2O + NH_3\uparrow$$

$$2NH_3 + H_2SO_4 \longrightarrow (NH_4)_2SO_4$$

浓碱可使消化液中的硫酸铵分解,释放出游离的氨,再利用一定浓度加有田氏指示剂的硼酸溶液对其进行吸收,硼酸吸收氨后使溶液中的氢离子浓度降低,然后利用标准无机酸滴定,直至恢复溶液原来的氢离子浓度和颜色为止,最后根据所用标准酸的摩尔数(相当于待测物中氨的摩尔数)计算出待测物中的总氮量。

三、实验用品

1. 试剂

(1)消化液(过氧化氢:浓硫酸:水 $=3:2:1$),$200mL$。

(2)粉末硫酸钾-硫酸铜混合物 $16g$,K_2SO_4 与 $CuSO_4 \cdot 5H_2O$ 以 $3:1$ 配比研磨混合。

(3)30％氢氧化钠溶液,1000mL。

(4)2％硼酸溶液,500mL。

(5)标准盐酸溶液(约 0.01mol/L),600mL。

(6)混合指示剂(田氏指示剂),50mL。

由 50mL0.1％甲烯蓝乙醇溶液与 200mL 0.1％甲基红乙醇溶液混合配成,贮于棕色瓶中备用。这种指示剂酸性时为紫红色,碱性时为绿色。变色范围很窄且灵敏。

(7)市售标准面粉和富强粉各 2g。

2. 器材

(1)50mL 消化管或 100mL 凯氏烧瓶;(2)凯氏定氮蒸馏装置或改进型凯氏定氮仪;(3)50mL 容量瓶;(4)3mL 微量滴定管;(5)分析天平;(6)烘箱;(7)电炉;(8)1000mL 蒸馏烧瓶;(9)小玻璃珠;(10)远红外消煮炉。

四、操作步骤

1. 凯氏定氮仪的安装

凯氏定氮仪一般由蒸汽发生装置、气液分离装置、反应装置及冷凝装置四个部分组成(图 12-1);有的仪器只有三个部分,即蒸汽发生器、反应管及冷凝器。其中蒸汽发生装置包括电炉及一个 1～2L 容积的蒸馏圆底烧瓶,烧瓶内装有 2/3 体积的蒸馏水,并需要加入防止爆沸的玻璃珠和几滴浓硫酸。蒸汽发生装置借橡皮管与气液分离装置相连,该装置可分离这个系统内的气体和液体,并通过下端出口将收集的废液放出。气液分离装置又通过橡胶管与反应装置相连,反应装置上端有一个玻璃漏斗,可通过其加入反应液,内部有一根管直通反应室的底部。反应室外层下端有一开口,上有一皮管夹,由此可放出冷凝水及反应废液。反应产生的氨可通过反应室上端细管及冷凝器通到吸收瓶中,反应装置及冷凝装置之间借磨口连接起来,防止漏气。

注意:安装仪器时,先将冷凝器垂直地固定在铁架台上,冷凝器下端不要距离实验台太近,以免放不下吸收瓶。然后将反应管通过磨口连接与冷凝器相连,根据仪器本身的角度将反应管固定在另一铁架台上。这一点务必注意,否则容易引起氨的散失及反应室上端弯管折断。然后将蒸汽发生器放在电炉上,并用橡皮管把蒸汽发生器与反应管连接起来。安装完毕后,不得轻易移动,以免损坏仪器。

2. 样品处理

某一固体样品中的含氮量用 100g 该物质(干重)中所含氮的克数来表示(％)。因此在定氮前,应先将固体样品中的水分除掉。一般样品烘干的温度都采用 105℃,因为非游离的水都不能在 100℃以下烘干。

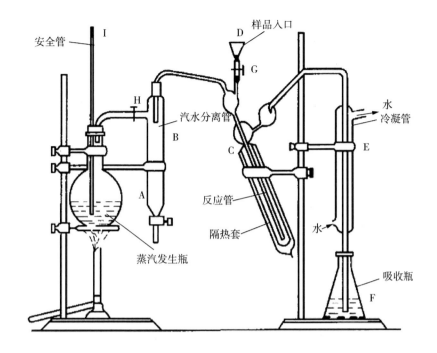

A——1000ml圆底烧瓶;　　　　　E——直形冷凝管;
B——安全瓶;　　　　　　　　　F——100ml锥形瓶;
C——连有氮气球的蒸馏器;　　　G,H——橡皮管夹;
D——漏斗;　　　　　　　　　　I——安全管。

图 12-1　凯氏定氮仪的构造

在称量瓶中称入一定量磨细的样品,然后置于105℃的烘箱内干燥4小时。用坩埚钳将称量瓶放入干燥器内,待降至室温后称重,按上述操作继续烘干样品。每干燥1小时后,称重一次,直到两次称量数值不变,即达恒重。

若样品为液体(如血清等),可取一定体积样品直接消化测定。

精确称取0.1g左右的干燥面粉作为本实验的样品。

3. 消化

取2个100mL凯氏烧瓶或50mL消化管并标号。各加1颗玻璃珠,在1号瓶中各加样品0.1g,催化剂 $CuSO_4 \cdot 5H_2O$ 50mg,加速剂 K_2SO_4 150mg,浓硫酸5mL。注意加样品时应直接送入瓶底,而不要沾在瓶口和瓶颈上。在2号瓶中各加0.1mL蒸馏水和与1号瓶相同量的催化剂、加速剂和浓硫酸,作为对照,用以测定试剂中可能含有的微量含氮物质。每个瓶口放一漏斗,在通风橱内的电炉上消化。

在消化开始时应控制火力,不要使液体冲到瓶颈,造成损失。待瓶内水汽蒸完,硫酸开始分解并放出 SO_2 白烟后,适当加强火力,继续消化,直至消化液呈透明淡绿色为止。

其中发生的反应为:

$$2CuSO_4 + C \longrightarrow Cu_2SO_4 + SO_2 \uparrow + CO_2 \uparrow$$

$$Cu_2SO_4 + 2H_2SO_4 \longrightarrow 2CuSO_4 + H_2O + SO_2 \uparrow$$

反应不断循环进行,直至有机物全部消化完成后,不再有褐色的中间产物 Cu_2SO_4 生成,溶液消化完毕,等烧瓶中溶物冷却后,加蒸馏水 10mL(注意慢加,随加随摇)。冷却后将瓶中溶物倾入 50mL 的容量瓶中,并以蒸馏水洗烧瓶数次,将洗液并入容量瓶定容。用水稀释到刻度,混匀备用。

4. 蒸馏

(1)系统的洗涤

蒸汽发生装置中的水烧开,让蒸汽通过整个仪器。约 15min 后,在冷凝器下端放一个盛有 5mL 2‰硼酸溶液和 1~2 滴指示剂混合液的锥形瓶。冷凝器下端应完全浸没在液体中,继续蒸汽洗涤 1~2min,观察锥形瓶内的溶液是否变色,如不变色则证明系统装置内部已洗涤干净。向下移动锥形瓶,使硼酸液面离开冷凝管口约 1cm,继续通蒸汽 1min。用水冲洗冷凝管口后用手捏紧橡皮管。此时由于反应室外层蒸汽冷缩,压力减小,反应室内凝结的水可自动吸出进入气液分离装置中。最后打开气液分离装置下端出口皮管夹,将废水排出。

(2)蒸馏

取 50mL 锥形瓶数个,各加 5mL 硼酸和 1~2 滴指示剂,溶液呈紫色,用胶塞塞紧备用。

用吸管取 10mL 消化液,细心地由反应装置上方的玻璃漏斗注入反应室,夹紧胶管。将一个含有硼酸和指示剂的锥形瓶放在冷凝器下,使冷凝器下端浸没在硼酸液体内。

用量筒取 30%的氢氧化钠溶液 10mL 放入小玻璃杯,轻提棒状玻璃塞,使之流入反应室(为了防止冷凝管倒吸,液体流入反应室必须缓慢)。尚未完全流入时,用洗瓶中的蒸馏水慢慢清洗玻璃漏斗的边缘,将残留的反应液洗入反应室,夹紧连接胶管。加热水蒸气发生器,沸腾后开始蒸馏。此时锥形瓶中的酸溶液由紫色变成绿色。自变色时起计时,蒸馏 3~5min。移动锥形瓶,使硼酸液面离开冷凝管约 1cm,并用少量蒸馏水洗涤冷凝管口外面。继续蒸馏 1 分钟,移开锥形瓶,用胶塞塞紧锥形瓶。

蒸馏完毕后,须将反应室反复洗涤,用硼酸试剂瓶检验洗涤干净与否。在小玻璃杯中倒入蒸馏水,待蒸汽充足、反应室外层温度很高时,一手轻提棒状玻璃塞使冷水流入反应室,同时立即用另一只手捏紧橡皮管。则反应室外层内蒸汽冷缩,可将反应室中残液自动吸出,再用蒸馏水自玻璃杯倒入反应室,重复上述操作。如此冲洗几次后,将皮管夹打开,将反应室外层中的废液排出。再继续下一个蒸馏操作。

待样品和空白消化液均蒸馏完毕后,同时进行滴定。

(3)滴定

全部蒸馏完毕后,用标准盐酸溶液滴定各锥形瓶中收集的氨量,硼酸指示剂溶液由绿变淡紫色为滴定终点。

(4)计算

$$总氮量 = \frac{C(V_1 - V_2) \times 0.014 \times 100}{W} \times \frac{消化液总量(mL)}{测定时消化液总量(mL)} \times 100\%$$

式中,C——标准盐酸溶液摩尔浓度;

　　V_1——滴定样品用去的盐酸溶液平均毫升数;

　　V_2——滴定空白消化液用去的盐酸溶液平均毫升数;

　　W——样品质量(g);

　　14——氮的相对量子质量。

若测定的样品含氮部分只是蛋白质,则,

$$样品中蛋白质含量(\%) = 总氮量 \times 6.25$$

若样品中除有蛋白质外,尚有其他含氮物质,则需向样品中加入三氯乙酸,然后测定未加三氯乙酸的样品及加入三氯乙酸后样品上清液中的含氮量,得出非蛋白氮及总氮量,从而计算出蛋白氮,再进一步算出蛋白质含量。

$$蛋白氮 = 总氮 - 非蛋白氮$$

$$蛋白质含量(\%) = 蛋白氮 \times 6.25$$

五、注意事项

1. 本法也适用于半固体试样以及液体样品检测。半固体试样一般取样范围为 $2.00 \sim 5.00g$,液体样品取样 $10.0 \sim 25.0mL$,含氮量约相当于 $30 \sim 40mg$。若检测液体样品,结果以 g/100mL 表示。

2. 消化时,若样品含糖高或含脂较多时,注意控制加热温度,以免大量泡沫喷出凯氏烧瓶造成样品损失。可加入少量辛醇或液体石蜡,或硅消泡剂减少泡沫产生。

3. 消化时,应注意旋转凯氏烧瓶,将附在瓶壁上的碳粒冲下,对样品彻底消化。若样品不易消化至澄清透明,可将凯氏烧瓶中的溶液冷却,加入数滴过氧化氢后,再继续加热消化至完全。

4. 硼酸吸收液的温度不应超过 40℃,否则氨吸收减弱,造成检测结果偏低。可把接收瓶置于冷水浴中。

5. 在重复性条件下获得两次独立测定结果的绝对差值不得超过算术平均值的 10%。

六、实验结果

准确计算样品中氮元素的含量,进而计算蛋白质含量。

七、思考题

1. 何为消化? 如何判断是否达到消化终点?

2. 在实验中加入 H_2SO_4、K_2SO_4、$CuSO_4$ 各有什么作用?

3. 蒸馏时冷凝管下端为什么要浸没在液体中?

4. 如何证明蒸馏器已洗涤干净?

5. 固体样品为什么要烘干?

实验 13 酵母核糖核酸的分离及组分鉴定

一、实验目的

了解核酸的组成成分,并掌握所有成分鉴定的原理和方法。

二、实验原理

因酵母细胞核酸中 RNA 含量较多,所以选择酵母作为 RNA 提取原料。

RNA 的来源和种类不同,导致 RNA 提取制备方法也有所不同。常用方法有苯酚法、稀碱法、浓盐法、去污剂法和盐酸胍法。其中苯酚法因操作简单又是实验室最常用的方法,且提取的 RNA 具有生物活性。主要方法是把组织匀浆用苯酚处理并离心后,RNA 存在于上层被酚饱和的水相中,DNA 和蛋白质则留在酚层中,向水层加入乙醇后,RNA 又以白色絮状沉淀析出,因而可以较好地除去 DNA 和蛋白质。

工业上常用稀碱法和浓盐法,这两种方法的缺点是所提取的 RNA 均为变性的 RNA,主要用作制备核苷酸的原料,优点是工艺比较简单。浓盐法是用 10% 左右的氯化钠溶液,90℃提取 3~4h,迅速冷却,提取液经离心后,上清液用乙醇再沉淀即可分离出 RNA。其原理是 RNA 可溶于碱性溶液,溶解后在碱提取液中加入酸性乙醇溶液又可以使解聚的核糖核酸沉淀,由此即得到 RNA 的粗制品。

核糖核酸含有核糖、嘌呤碱、嘧啶碱和磷酸各组分。加硫酸煮沸可使其水解,从水解液中可以测出上述组分的存在。

三、实验用品

1. 试剂

(1)0.04mol/L 氢氧化钠溶液,1000mL。

(2)酸性乙醇溶液,500mL。将 0.3mL 浓盐酸加入 30mL 乙醇中。

(3)95% 乙醇,1000mL。

(4)乙醚,500mL。

(5)1.5mol/L 硫酸溶液,200mL。

(6)浓氨水,50mL。

(7)0.1mol/L 硝酸银溶液,50mL。

(8)三氯化铁浓盐酸溶液,80mL。将 2mL 10% 三氯化铁溶液(用

$FeCl_3 \cdot 6H_2O$配制)加入 400mL 浓盐酸中。

(9)苔黑酚乙醇溶液,10mL。溶解 6g 苔黑酚于 100mL 95%乙醇中(可在冰箱中保存 1 个月)。

(10)定磷试剂,50mL。

① 17%硫酸溶液。将 17mL 浓硫酸(比重 1.84)缓缓加入 83mL 水中。

② 2.5%钼酸铵溶液。将 2.5g 钼酸铵溶于 100mL 水中。

③ 10%抗坏血酸溶液。10g 抗坏血酸溶于 100mL 水中,贮棕色瓶保存。溶液呈淡黄色时可用,如呈深黄或棕色则失效,需纯化抗坏血酸。

临用时将上述三种溶液与水按如下比例混合:

17%硫酸溶液:2.5%钼酸铵溶液:10%抗坏血酸溶液:水=1:1:1:2 (V/V)。

(11)酵母粉,200g。

2. 器材

(1)乳钵;(2)150mL 锥形瓶;(3)水浴;(4)量筒;(5)布氏漏斗及抽滤瓶;(6)吸管;(7)滴管;(8)试管及试管架;(9)烧杯;(10)离心机;(11)漏斗。

四、操作步骤

用合适量筒量取 0.04mol/L 氢氧化钠溶液 90mL。然后称取 15g 酵母倒入研钵,并将碱液分几次倒入乳钵中,量筒中要留存少量碱液以备洗涤和转移酵母的匀浆液。进行研磨,直至均匀。将匀浆液转移至 250mL 烧杯中,将烧杯放在沸水浴中加热 30min,边加热边搅拌后,自然冷却。然后将烧杯中的匀浆液全部转移至离心杯中,并用留存的碱液洗涤转移干净,离心(3000r/min)15min,保留上清液,将上清液缓缓倒入装有 30mL 酸性乙醇溶液的烧杯中(用量筒提前量取)。注意要一边搅拌(少)一边缓缓倾入,会有沉淀出现,待核糖核酸沉淀完全后,将烧杯中的液体再次全部转移至离心杯中,离心(3000r/min)3min。保留沉淀,弃去清液。用量筒量取 95%乙醇 30mL 全部倒入带有沉淀的离心杯中,用玻璃棒搅拌洗涤,再次离心(3000r/min)3min,洗涤沉淀 1 次,离心完毕后,弃去清液,保留沉淀。再用量筒量取 30mL 乙醚倒入离心杯中搅拌洗涤沉淀一次,不用离心,最后将沉淀转移至布氏漏斗中抽滤。抽滤完成后将沉淀置于空气中干燥。

称取 200mg 干燥后的核酸,加入 1.5mol/L 硫酸溶液 10mL,在沸水浴中加热 10min 制成水解液并进行组分的鉴定。

1. 嘌呤碱。取水解液 1mL 加入过量浓氨水,然后加入约 1mL 0.1mol/L 硝酸银溶液,观察有无嘌呤碱的银化合物沉淀。

2. 核糖。取 1 支试管加入水解液 1mL、三氯化铁浓盐酸溶液 2mL 和苔黑酚乙醇溶液 0.2mL。放沸水浴中 10min。注意溶液是否变成绿色,如变色则说明有核糖存在。

3. 磷酸。取 1 支试管,加入水解液 1mL 和定磷试剂 1mL。在水浴中加热,观察溶液是否变成蓝色,如变色则说明有磷酸存在。

注意:定磷试剂的原理是,在酸性环境下,试剂中的钼酸铵与样品中的无机磷酸反应生成磷钼酸,还原剂存在时,磷钼酸立即被还原剂还原成蓝色的产物——钼蓝,其最大吸收波长为 660nm。

$$(NH_4)_2MoO_4 + H_2SO_4 \longrightarrow H_2MoO_4 + (NH_4)_2SO_4$$

$$H_3PO_4 + 12H_2MoO_4 \longrightarrow H_3P(Mo_3O_{10})_4 + 12H_2O$$

$$H_3P(Mo_3O_{10})_4 \longrightarrow Mo_2O_3 \cdot MoO_3$$

五、注意事项

稀碱法提取的 RNA 为变性 RNA,可用于 RNA 组分鉴定及单核苷酸的制备,不能作为 RNA 生物活性实验的材料。

六、实验结果

1. 称量所提取的 RNA 的质量。
2. 用图表比较不同 RNA 提取方法的优劣。

七、思考题

1. 比较 RNA 不同的提取方法的原理及区别。
2. 本实验 RNA 组分是什么?怎样验证的?原理是什么?

实验 14　血液中转氨酶活力的测定

一、实验目的

1. 了解转氨酶在代谢过程中的重要作用及其在临床诊断中的意义。
2. 学习转氨酶活力测定的原理和方法。

二、基本原理

生物体内广泛存在的氨基移换酶也称转氨酶,能催化 α-氨基酸的 α-氨基与 α-酮酸的 α-酮基互换,在氨基酸的合成和分解以及尿素和嘌呤的合成等中间代谢过程中有重要作用。转氨酶的最适 pH 值接近 7.4,它的种类甚多,其中以谷氨酸-草酰乙酸转氨酶(简称谷草转氨酶,GOT,又称 AST)和谷氨酸-丙酮酸转氨酶(简称谷丙转氨酶,GPT,又称 ALT)的活力最强。它们催化的反应如下:

$$谷氨酸 + 草酰乙酸 \xrightleftharpoons{AST} α\text{-}酮戊二酸 + 天冬氨酸$$

$$谷氨酸 + 丙酮酸 \xrightleftharpoons{ALT} α\text{-}酮戊二酸 + 丙氨酸$$

正常人血清中只含有少量转氨酶。当发生肝炎、心肌梗死等病患时,血清中转氨酶活力常显著增加,所以在临床诊断上转氨酶活力的测定有重要意义。

测定转氨酶活力的方法很多,本实验采用分光光度法。谷丙转氨酶作用于丙氨酸和 α-酮戊二酸后,生成的丙酮酸与 2,4-二硝基苯肼作用生成丙酮酸 2,4-二硝基苯腙。

丙酮酸 2,4-二硝基苯腙加碱处理后呈棕色,可用分光光度法测定。从丙酮酸 2,4-二硝基苯腙的生成量,可以计算酶的活力。

三、实验用品

1. 试剂

(1)0.1mol/L 磷酸缓冲液(pH 值为 7.4),250mL。

(2)2.0μmol/mL 丙酮酸钠标准溶液,40~50mL。取分析纯丙酮酸钠 11mg 溶解于 50mL 磷酸缓冲液内(当日配制)。

(3)谷丙转氨酶底物,150mL。取分析纯 α-酮戊二酸 29.2mg,DL-丙氨酸 1.78g 置于小烧杯内,加 1mol/L 氢氧化钠溶液约 10mL 使其完全溶解。用 1mol/L 氢氧化钠溶液或 1mol/L 盐酸调节 pH 值为 7.4 后,加磷酸缓冲液至

100mL。然后加氯仿数滴防腐。此溶液每毫升含 α-酮戊二酸 2.0μmol,丙氨酸 200μmol。在冰箱内可保存一周。

(4)2,4-二硝基苯肼溶液,150mL。

在 200mL 锥形瓶内放入分析纯 2,4-硝基苯肼 19.8mg,加 100mL 1mol/L 盐酸。把锥形瓶放在暗处并不时摇动,待 2,4-二硝基苯肼全部溶解后,滤入棕色玻璃瓶内,置冰箱内保存。

(5)0.4mol/L 氢氧化钠溶液,1200mL。

(6)人血清,6mL。

2. 器材

(1)试管及试管架;(2)吸管;(3)恒温水浴;(4)分光光度计。

四、操作步骤

1. 标准曲线的绘制

取 6 支试管,分别标上 0,1,2,3,4,5 六个号。按表 14-1 所列的次序添加各试剂。

表 14-1　试剂添加顺序

试剂(mL)	试 管 号					
	0	1	2	3	4	5
丙酮酸钠标准液	—	0.05	0.10	0.15	0.20	0.25
谷丙转氨酶底物	0.50	0.45	0.40	0.35	0.30	0.25
磷酸缓冲液 (0.1mol/L,pH 值为 7.4)	0.10	0.10	0.10	0.10	0.10	0.10

2,4-二硝基苯肼可与有酮基的化合物作用形成苯腙。底物中的 α-酮戊二酸与 2,4-二硝基苯肼反应,生成 α-酮戊二酸苯腙。因此,在制作标准曲线时,需加入一定量的底物(内含 α-酮戊二酸)以抵消由 α-酮戊二酸产生的消光影响。

先将试管置于 37℃恒温水浴中保温 10min 以平衡内外温度。向各管内加入 0.5mL 2,4-二硝基苯肼溶液后再保温 20min,最后,分别向各管内加入 0.4mol/L 氢氧化钠溶液 5mL。在室温下静置 30min,以 0 号管作空白对照,测定其 520nm 的光吸收值。用丙酮酸的微摩尔数(μmol)为横坐标,光吸收值为纵坐标,画出标准曲线。

2. 酶活力的测定

取 2 支试管并标号,用第 1 号试管作为未知管,第 2 号试管作为空白对照管。各加入谷丙转氨酶底物 0.5mL,置于 37℃水浴内 10min,使管内外温度平衡。取血清 0.1mL 加入第 1 号试管内,继续保温 60min。到 60min 时,向 2 支试管内各加入 2,4-二硝基苯肼试剂 0.5mL,向第 2 号试管中补加 0.1mL 血清,再向 1,2 号试管内各加入 0.4mol/L 氢氧化钠溶液 5mL。在室温下静置 30min 后,测定未知管的 520nm 波长光吸收值(显色后 30min 至 2h 内其色度稳定)。在标准曲线上查出丙酮酸的物质的量(μmol),用 1μmol 丙酮酸代表 1.0 单位酶活力,计算每 100mL 血清中转氨酶的活力单位数。

五、注意事项

1. 2,4-二硝基苯肼可与有酮基的化合物作用形成苯腙。
2. 吸量应准确,严格控制反应时间和温度。
3. 在测定 SALT 活力时,应事先将底物、血清在 37℃ 水浴中恒温。
4. 溶血标本不宜采用,因血细胞内转氨酶活力较高,影响测定结果。
5. 在测定时,如酶活力较大(大于 100 单位),应将样品稀释后再进行测定。

六、实验结果

1. 由所测得之光密度值直接查标准曲线,即可得知活性单位。
2. 若用标准管法测定,可用丙酮酸钠标准液(每毫升含 2μmol 丙酮酸钠) 0.1mL,按操作测知标准管光密度,按下列方式计算结果:

$$\frac{测定管光密度}{标准管光密度} \times 200 = \frac{转氨酶活性(单位数)}{100mL\ 血清}$$

七、思考题

试说明转氨酶在代谢过程中的重要作用及其在临床诊断中的意义。

实验 15 聚丙烯酰胺凝胶电泳分离过氧化物同工酶

一、实验目的

1. 了解聚丙烯酰胺凝胶电泳的定义、种类和原理。
2. 掌握聚丙烯酰胺凝胶垂直板和圆盘电泳的操作技术。
3. 熟悉同工酶定义和理化性质的差异，了解过氧化物酶的染色原理。
4. 掌握过氧化物酶的活性的测定方法和单位定义。

二、基本原理

聚丙烯酰胺凝胶是由单体丙烯酰胺（Acr）和交联剂（Bis，即共聚体的 N,N-甲叉双丙烯酰胺）在加速剂（TEMED，N,N,N',N'-四甲基乙二胺）和催化剂［过硫酸胺（$NH_4)_4S_2O_8$，简称 AP］的作用下聚合交联成三维网状结构的凝胶。

1. 聚丙烯酰胺凝胶聚合原理与凝胶的相关特性关系

（1）聚合反应

聚丙烯酰胺是由 Acr 和 Bis 在催化剂（AP）或核黄素（$C_{17}H_{20}O_6N_4$）和加速剂（TEMED）的作用下聚合而成的三维网状结构。催化剂和加速剂的种类很多，目前常用的有以下两种催化体系：

① AP-TEMED，属化学聚合作用。

② 核黄素-TEMED，属光聚合作用。

（2）凝胶的性质与凝胶孔径的可调性关系

① 凝胶性能与总浓度及交联度的关系

凝胶的孔径、机械性能、弹性、透明度、黏度和聚合程度取决于凝胶总浓度（Acr 和 Bis 总浓度比例）、交联度（交联剂浓度的比例）和 Acr(a)与 Bis(b)之比：

总浓度(T)：$T = \dfrac{a+b}{m} \times 100\%$

交联度(C)：$C = \dfrac{b}{a+b} \times 100\%$

$a:b > 100$ 时凝胶糊状易断；$a:b < 10$ 时凝胶脆硬乳白。

② 凝胶浓度与孔径的关系

T 增加—孔径减小—移动颗粒穿过网孔阻力增加—电泳速度慢；

T 减小—孔径增加—移动颗粒穿过网孔阻力减小—电泳速度快。

③ 凝胶浓度与被分离物分子量的关系

分子量增加—阻力增加—移动速度减慢—凝胶浓度大。同时，凝胶浓度还与分子形状及分子电荷有关系。

注:在操作时,可以选用 75％凝胶。因为生物体内大多数蛋白质在此范围内电泳均可取得满意的结果。

(3)试剂对凝胶聚合的影响

水中金属离子或其他成分对凝胶电泳的电泳速度、分离效果等有影响。

2. 聚丙烯酰胺凝胶电泳(PAGE)的分类和原理

(1)根据有无浓缩效应可分为:连续系统和不连续系统。

连续系统:电泳体系中由于缓冲液 pH 值及凝胶浓度相同,带电颗粒在电场中主要靠电荷及分子筛效应。

不连续系统:电泳体系中由于缓冲液离子成分、pH 值、凝胶浓度及电位梯度的不连续性,带电颗粒在电场中泳动不仅有电荷效应、分子筛效应,还有浓缩效应。因而其分离带清晰度及分辨率高。

(2)根据凝胶的形状可分为:垂直板电泳和圆盘电泳。

垂直板电泳:凝胶是在两块间距几毫米的垂直放置的平行玻璃板中聚合。

垂直圆盘电泳:凝胶是在玻璃管中聚合,样品分离区带染色后呈圆盘状。

3. 过氧化物酶染色原理

过氧化物酶催化过氧化氢释放活性氧,进一步氧化联苯胺使之由蓝色变为褐色。本方法属于活性染色,若酶失活,则不能变色。

4. 过氧化物酶活性的测定原理

过氧化物酶广泛分布于植物的各个组织器官中。在有过氧化氢存在下,过氧化物酶能使愈创木酚氧化,生成褐色物质,可用分光光度计测量生成物的含量,以每分钟吸光度变化值表示酶活性大小,即以 $\Delta A_{470}/(min \cdot mg)$ 蛋白质表示。

三、实验用品

1. 试剂

(1)贮液和工作溶液的配制

贮液和工作溶液的配制如表 15－1 所列。

表 15－1　贮液和工作溶液的配制

贮液	100mL 溶液中的含量	pH 值	工作溶液混合比
1	1mol/L 盐酸　48.0mL	8.9	小孔凝胶(分离胶)
	Tris　36.6g		1 份 1 号贮液
	TEMED　0.23mL		2 份 2 号贮液
2	Acr　28.0g		1 份水
	Bis　0.753g		4 份 3 号贮液
3	过硫酸铵　0.14g		pH 值为 8.9,凝胶浓度为 7％

（续表）

贮液	100mL 溶液中的含量	pH 值	工作溶液混合比
4	1mol/L 盐酸约 48mL	6.7	大孔凝胶 （浓缩胶、样品胜） 1 份 4 号贮液
	Tris　5.98g		
	TEMED　0.46mL		
5	Acr　10.0g		2 份 5 号贮液
	Bis　2.5g		1 份 6 号贮液
6	核黄素　4mg		4 份 7 号贮液
7	蔗糖　40.0g		pH 值为 6.7,凝胶浓度为 2.5%
电极 缓冲液	Tris　6.0g	8.3	用时稀释 10 倍
	甘氨酸　28.8g		
	加水到　1000mL		

表中试剂：Acr——丙烯酰胺；Bis——甲叉双丙烯酰胺；TEMED——四甲基乙二胺；Tris——三羟甲基氨基甲烷。

贮液放冰箱中一般可保存 1～2 个月,只有 3 号贮液只能保存一周。如有不溶物要过滤。

（2）染色液的配制

A 液：称取 0.4g 联苯胺,加入 3mL 冰醋酸,溶解后加入 17mL 蒸馏水,随用随配。B 液：4%NH₄Cl。C 液：5%EDTA(pH 值为 6.0)。D 液：0.3%H₂O₂。

按 A：B：C：D＝1：1：1：8 比例配制。

（3）测酶活力所需试剂

20mmol/L KH₂PO₄；30% H₂O₂；愈创木酚；100mmol/L 磷酸缓冲液（pH 值为 6.0）。

反应混合液：100mmol/L 磷酸缓冲液（pH 值为 6.0）50mL 于烧杯中,加入愈创木酚 28μL,于磁力搅拌器上加热搅拌,直至愈创木酚溶解。冷却后加入 30% H₂O₂19μL,混合均匀,保存于冰箱中。

（4）酶液的制备

① 材料：萌发 3～6d 的高粱、玉米、小麦种子。

② 步骤：称取不同植物材料幼苗茎部 2g,加入 20mol/L KH₂PO₄20mL 于研钵中,研磨成匀浆,以 4000r/min 速率离心 15min。倾出上清液,测出总体积放于冷处。

2. 器材

(1)电泳仪(600V)及盘状电泳槽；(2)电泳玻璃管(用碱性较低的玻璃管)，内径 5～7mm，长 80～100mm；(3)玻璃架；(4)微量注射器或微量吸管；(5)带长针头的注射器；(6)日光灯；(7)带有玻璃珠或玻璃棒的一小段乳胶管。

四、操作步骤

1. 过氧化物酶活性的测定

取 2 只光径 1cm 的比色杯，一只中加入反应混合液 3mL、KH_2PO_4 1mL 作为校零对照，另一只加入反应混合液 3mL、酶提取液 1mL，立即开启秒表计时，于分光光度计上测量吸光值($\lambda=470nm$)。每隔 1min 计数一次，以每分钟吸光值的变化值表示酶活性大小，连续测定 3min。(吸光值控制在 0.1～0.7 范围内)

2. 凝胶的制备

(1)分离胶的制备(小孔径凝胶；pH 值为 8.9；凝胶浓度 7%)

将贮液按 1 号：2 号：水：3 号＝5mL：10mL：5mL：20mL 比例混匀。用带长针头的注射器快速加入玻璃管中(或两层玻璃板之间)，高度约为 3/4。沿壁加入 3～5mL 蒸馏水用于隔绝空气，使胶面平整。静置 30～60min 完成聚合，用滤纸吸去水分。

(2)浓缩胶制备(大孔径凝胶；pH 值为 6.7；凝胶浓度 2.5%)

将贮液按 4 号：5 号：6 号：7 号＝3mL：6mL：3mL：12mL 比例混匀，按上述方法加到分离胶上方距离管上缘 0.5cm 处(或两层玻璃板之间，放上样品槽模板)。仔细加入水层，在距管口 10cm 处用日光灯照射进行光聚合。照射 6～7min 凝胶由淡黄变为乳白。待完全聚合，在室温下放置 30～60min。取出样品槽模板，用滤纸吸去多余液体。在电泳槽上下槽中加入稀释 10 倍的 pH 值为 8.3 的电板缓冲液并没过玻璃管顶端(或没过短玻璃板)。

(3)加样

酶提取液：40% 蔗糖＝1：1，加少许 1% 溴蓝指示剂，混匀。用微量加样器取 5μL 样品混合液，通过缓冲液，小心加到玻璃管中(或样品凹槽底部)。

(4)电泳

接通电源，调节电压，开始为 150V，待样品进入分离胶调整至 300V。当指示剂迁移至距下缘 1cm 时，停止电泳，关闭电源。

(5)染色

取出胶条(胶板)，于染色液中染色 20min，酶带显蓝色，漂洗后显褐色(图 15-1)。

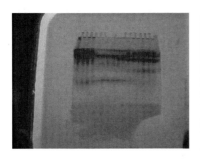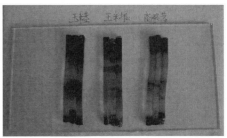

图 15 - 1 染色

五、注意事项

1. 分离胶和浓缩胶配好后要马上进行灌胶，以免溶液聚合成胶。

2. 过硫酸铵要现用现配。

3. 分离胶灌好，要覆盖一层水，避免胶氧化，同时保持胶面平整。

4. 电泳仪连接电泳槽后，要严格控制电压，不超过 170V，否则会造成玻璃板碎裂。

5. 染料要现配现用。

六、实验结果

1. 绘制酶谱条带，并计算同工酶的迁移率。

2. 计算酶的活力，并清晰标注单位。

七、思考题

1. 简述聚丙烯酰胺凝胶聚合的原理。如何调节凝胶的孔径？

2. 为什么样品会在浓缩胶中压缩成层？

3. 为什么要在样品中加入少许溴酚蓝和蔗糖？各有什么作用？

4. 根据实验过程的体会总结如何做好聚丙烯酰胺凝胶电泳，哪些是关键步骤？

第二部分　专题实验

实验 16　水中细菌总数的测定

一、实验目的

1. 学习水样的采集方法,学习水中细菌总数的检测方法。

2. 了解水中细菌总数检测的原理。

3. 了解评价水质的微生物学卫生标准,理解该标准在应用中的重要性。

二、实验原理

水是生命之源,人的生存离不开水环境,水质的好坏对人们的生活起着至关重要的作用,而判断水质的标准,微生物在水中的数量、种类是必不可少的。饮用水是否合乎标准,通常通过水中的细菌总数和大肠菌群数来确定。良好的饮用水细菌总数应小于 100CFU/mL,而超过 500CFU/mL 则不适宜饮用。我国饮用水卫生标准(GB 5749—2006)规定每毫升水样细菌总数不得大于 100CFU。

细菌总数是指 1 毫升水样在普通琼脂培养基(即牛肉膏蛋白胨琼脂培养基)中,37℃ 24h 培养后所生长的菌落数。水中细菌总数的测定一般采用稀释混菌平板菌落计数法。由于水中细菌种类繁多,它们对营养和其他生长条件的要求差别很大,不可能找到一种培养基在一种条件下,使水中所有的细菌均能生长繁殖,因此,以某种培养基平板上生长出来的菌落计算出来的水中细菌总数仅是近似值。现除了采用平板菌落计数法外,还有许多种快速、简便的微生物检测仪或试剂盒等可用来测定水中细菌总数。

三、实验用品

1. 试剂

牛肉膏蛋白胨琼脂培养基(普通营养琼脂培养基)配制方法:成分为牛肉膏 3.0g、蛋白胨 10.0g、NaCl 3.0g、琼脂 15.0g、蒸馏水 1000mL,pH 值为 7.0±0.2。将上述成分加入蒸馏水中,煮沸溶解,调节 pH 值。分装于锥形瓶中,121℃高压灭菌 20min。

2. 仪器及用具

无菌水、灭菌三角烧瓶、灭菌带玻璃塞的空瓶、灭菌培养皿、灭菌吸管、灭菌试管、酒精灯、试管架、恒温培养箱、恒温水浴锅等。

四、操作步骤

1. 水样的采取

(1)自来水的采取

火焰烧灼自来水龙头 3min 以灭菌,再打开龙头放水让水流 5min,于火焰旁打开灭菌三角烧瓶的瓶塞,取水样,塞上塞子,立即进行检测。

(2)池水、河水或湖水的采取

应采取距离水面 10～15cm 的深层水样。将已灭菌的、带玻璃塞的空瓶,其口向下浸入水中,再翻转过来,拔开玻璃塞,水流入瓶中,装满后,塞好塞子,从水中取出。最好立即检测水样,不能立即检测则应放入冰箱中保存。

2. 水中细菌总数的测定

(1)自来水样的检测

① 将已熔化的牛肉膏蛋白胨琼脂培养基放于 46℃ 左右的恒温水浴锅中,保温备用。

② 用灭菌吸管取水样 1mL,注入灭菌培养皿中,做两个平皿。

③ 将恒温水浴锅中保温的培养基分别倾注约 15mL 于上述两个平皿中;立刻放于桌子平面上,做水平面旋转摇动,让水样与培养基充分混合均匀。

④ 做空白对照:另取一灭菌培养皿,不加水样,只倾注牛肉膏蛋白胨琼脂培养基 15mL。

⑤ 待培养基冷却凝固后,倒置放入 37℃ 的恒温培养箱中,培养 24h,进行菌落计数。

该两个平皿的平均菌落数,即为 1mL 水样的细菌总数。

(2)池水、河水或湖水等水样的检测

① 将已熔化的牛肉膏蛋白胨琼脂培养基放于 46℃ 左右的恒温水浴锅中,保温备用。

② 水样的稀释:取 3 个灭菌试管,分别加入 9mL 灭菌水。取 1mL 水样沿管壁缓慢注于第一管灭菌水内(注意吸管或吸头尖端不要触及稀释液面),振摇试管或换用 1 支无菌吸管反复吹打使其混合均匀,制成 1∶10 的样品匀液。再从稀释度 10^{-1} 的第一管中取 1mL 到第二管灭菌水内,依次稀释到第三管,稀释度分别为 10^{-1}、10^{-2}、10^{-3}。

根据水样污浊程度来确定其稀释度,最适稀释度是:经 24h 培养后,平板上有 30～300 个菌落数;当 3 个稀释度的菌落数全都少到无法计数或多到无法计数时,则需减少或增大稀释倍数。一般中等污浊程度水样,取 10^{-1}、10^{-2}、10^{-3} 稀释度,污浊严重的取 10^{-2}、10^{-3}、10^{-4} 稀释度。

③ 从最后 3 个稀释度的试管中各取 1mL 稀释水样,加入灭菌培养皿中,每一稀释度做 2 个培养皿,共做 6 个平皿。

④ 将恒温水浴锅中保温的培养基分别倾注约 15mL 于上述 6 个平皿中;立刻放于桌子平面上,做水平面旋转摇动,让水样与培养基充分混合均匀。

⑤ 待培养基冷却凝固后,倒置放入 37℃的恒温培养箱中,培养 24h。

(3)稀释水样检测平板的菌落计数方法

① 计算相同稀释度的平均菌落数。

a. 同一稀释度两个平板中如一皿有较多菌落连成片了,则不可用,而采用没成片的菌落平板作为该稀释度的菌落数。

b. 如成片菌落的面积不到平板的一半,而另一半菌落分布均匀,计数分布均匀菌落数再乘以 2,作为这一皿的菌落数,然后再计算同一稀释度的平均菌落数。

② 计算每毫升中菌落形成单位(CFU)。按下列公式计算:

每毫升中菌落形成单位(CFU)＝同一稀释度的平均菌落数×稀释倍数

③ 对平均菌落数有以下可能的情况(一次实验只可能满足其中之一):

a. 首先选择平均菌落数为 30～300 的,当只有一个稀释度的平均菌落数在此范围内,就以该平均菌落数乘以它的稀释倍数,即为该水样的细菌总数(表 16-1 所列例 1)。

b. 如果有两个稀释度的平均菌落数为 30～300,就按两者菌落总数之比值来决定(即多菌落总数比少菌落总数)。比值大于 2,取较少的菌落总数;比值小于 2,取菌落总数的平均数(表 16-1 所列例 2、例 3)。

c. 当所有稀释度的平均菌落数均大于 300 时,应以稀释度最高的平板菌落数来计算(表 16-1 所列例 4)。

d. 当所有稀释度的菌落数均不在 30 至 300 之间,应以最接近 30 或 300 的稀释度的平板菌落数来计算(表 16-1 所列例 5、例 6)。

表 16-1　菌落数的报告方式

例次	各稀释度平均菌落数			两稀释度菌落数之比	菌落总数(CFU/mL)	报告方式(CFU/mL)	备注
	10^{-1}	10^{-2}	10^{-3}				
1	1285	174	23	—	17400	$1.7×10^4$	
2	2470	249	39	1.6	31950	$3.2×10^4$	两位以后的数字采用四舍五入的方法
3	2352	263	57	2.2	26300	$2.6×10^4$	
4	不可计	4265	540	—	540000	$5.4×10^5$	
5	28	17	9	—	280	$2.8×10^2$	
6	不可计	307	18	—	30700	$3.1×10^4$	

五、注意事项

倒入平皿中的熔化琼脂培养基需冷却至 45℃ 左右,温度过高会烫死样品中的细菌,使菌落数减少,计数值偏低。

六、实验结果

1. 将自来水培养后菌落计数结果填入表 16 - 2 中。

表 16 - 2　自来水实验结果

平板	菌落数	平均菌落数	自来水中细菌总数(CFU·mL⁻¹)
1			
2			

空白对照平板的结果。

2. 将池水、河水或湖水等培养后菌落计数结果填入表 16 - 3 中。

表 16 - 3　池水、河水或湖水等实验结果

稀释度	10^{-1}		10^{-2}		10^{-3}	
平板	1	2	1	2	1	2
菌落数						
平均菌落数						
稀释度菌落总数之比						
细菌总数(CFU·mL⁻¹)						

七、思考题

1. 检测自来水的细菌总数时,为什么要做空白对照试验? 如果空白对照的平板有少数几个菌落说明什么? 而有很多菌落又说明什么?

2. 你所检测的其他水样的结果如何? 说明什么?

实验 17　水中总大肠菌群的测定

一、实验目的

1. 学习水样的采集方法,学习水中总大肠菌群的检测方法。
2. 了解水中总大肠菌群检测的原理。
3. 了解评价水质的微生物学卫生的标准,理解该标准在实践中的重要作用。

二、实验原理

水是微生物广泛分布的天然环境。各种天然水中常含有一定数量的微生物。水中微生物的主要来源:水中的微生物(如光合藻类),土壤径流、降雨的外来菌群以及来自下水道的污染物和人畜的排泄物等。

总大肠菌群($coliform\ group$, $total\ coliform$),主要包括埃希氏菌属、肠杆菌属、克雷伯氏菌属和柠檬酸杆菌属,是以 $E.coli$ 为代表,需氧或兼性厌氧,经 37℃、24~48h 培养,能发酵乳糖产酸、产 CO_2 的革兰氏阴性无芽胞杆菌。大肠菌群是温血动物肠道中的正常菌群,常会随动物的粪便污染水源,它们与水中存在的肠道病原菌或正相关,且比病原菌容易检出(病原菌在水中浓度很低,检测手段复杂,且检测者有被感染的风险),因而,用总大肠菌群作为指示菌来指示病原菌在水中的存在,其数量大于或等于病原菌的数量,故将总大肠菌群的检测作为水的细菌学卫生标准之一。

我国饮用水卫生标准(GB 5749—2006)规定 100 毫升水中总大肠菌群不得检出。

总大肠菌群指数高,表示水源被粪便污染,则有可能也被肠道病原菌污染。测定总大肠菌群常采用多管发酵法,包括初发酵试验、平板分离和复发酵试验。以大肠菌群最近似数(MPN)表示。

1. 初发酵试验

采用乳糖蛋白胨液体培养基,大肠菌群能利用培养基中的发酵乳糖产酸、产气。如何判断产酸呢? 在培养基中加入 pH 指示剂溴甲酚紫,当细菌产酸后,培养基就由原来的紫色变为黄色;另外,溴甲酚紫还可抑制芽胞菌的生长。如何判断产气呢? 在发酵管内倒置一德汉氏小套管,当有气体产生时,小套管内会有气泡。水样接种于发酵管内,37℃下培养 24h,小套管中有气体形成,并且培养基浑浊,颜色改变,说明水中存在大肠菌群,为阳性结果;48h 后仍不产气的为阴性结果。可疑结果:产气,但可能不属大肠菌群;产酸不产气,也不一定不是大肠菌群,也许 48h 后才产气。故需要进行下一步实验,才能确定是不是大肠菌群。

2. 平板分离

采用伊红美蓝培养基(*Eosin Methylene Blue Agar*,EMB 培养基),因平板中含有伊红与美蓝染料两种染料,它们作为指示剂,当大肠菌群发酵乳糖产酸时,两种染料便结合成复合物,使大肠菌群产生带核心的、有金属光泽的、深紫色的特征菌落。凡初发酵管 24h 与 48h 产酸产气的均需在伊红美蓝平板上做划线分离,经培养后,对其特征菌落进行革兰氏染色,只有结果为革兰氏阴性、无芽胞杆菌的菌落,才是大肠菌群菌落。

3. 复发酵试验

将初发酵和平板分离试验均已证实为大肠菌群阳性的菌落,接种复发酵,其原理同初发酵试验,经 24h 培养后产酸又产气的,才确定为大肠菌群阳性结果。根据确定有大肠菌群存在的初发酵管(瓶)数目,查阅专用统计表,即可得出总大肠菌群指数。

三、实验用品

1. 试剂

(1)乳糖蛋白胨培养液

成分:蛋白胨 10g,乳糖 10g,K_2HPO_4 2g,琼脂 25g,2％伊红 Y(曙红)水溶液 20mL,0.5％美蓝(亚甲蓝)水溶液 13mL,pH 值为 7.4。

制作过程:先将蛋白胨、乳糖、K_2HPO_4 和琼脂混匀,加热溶解后,调节 pH 值至 7.4。115℃湿热灭菌 20min,然后加入已分别灭菌的伊红液和美蓝液,充分混匀,防止产生气泡。待培养基冷却到 50℃左右倒平皿。如培养基太热,会产生过多的凝集水,可在平板凝固后倒置存于冰箱备用。

成分:蛋白胨 10g,牛肉膏 3g,乳糖 5g,氯化钠 5g,1.6％溴甲酚紫乙醇液 1mL,蒸馏水 1000mL,pH 值为 7.2～7.4。

配制方法:将蛋白胨、牛肉膏、乳糖及氯化钠加热溶于 1000mL 蒸馏水中,调节 pH 值为 7.2～7.4,加入 1.6％溴甲酚紫乙醇液 1mL,充分混匀。分装于有玻璃小倒管的试管中,每管 10mL。115℃高压灭菌 20min。

(2)三倍浓缩乳糖蛋白胨培养液

成分:蛋白胨 30g,牛肉膏 9g,乳糖 15g,氯化钠 15g,1.6％溴甲酚紫乙醇液 3mL,蒸馏水 1000mL,pH 值为 7.2～7.4。

配制方法:将蛋白胨、牛肉膏、乳糖及氯化钠加热溶于 1000mL 蒸馏水中,调节 pH 值为 7.2～7.4,加入 1.6％溴甲酚紫乙醇液 3mL,充分混匀。分装于有玻璃小倒管的试管中,每管 5mL;分装于有玻璃小倒管的 250mL 三角瓶中,每瓶 50mL。115℃高压灭菌 20min。

(3)伊红美蓝培养基(EMB 培养基)

成分:蛋白胨 10g,乳糖 10g,K_2HPO_4 2g,琼脂 20g,1000mL 蒸馏水,2％伊红

Y(曙红)水溶液 20mL,0.5％美蓝(亚甲蓝)水溶液 13mL,pH 值为 7.4。

制作过程:先将蛋白胨、乳糖、K₂HPO₄和琼脂混匀,加热溶解后,调节 pH 值为 7.4。115℃湿热灭菌 20min,然后加入已分别灭菌的伊红液和美蓝液,充分混匀,防止产生气泡。待培养基冷却到 50℃左右倒平皿。如培养基太热,会产生过多的凝集水,可在平板凝固后倒置存于冰箱备用。

2. 试剂和溶液

革兰氏染色液、生理盐水。

3. 仪器及用具

显微镜、载玻片、灭菌三角烧瓶、灭菌带玻璃塞的空瓶、灭菌培养皿、灭菌吸管、灭菌试管、酒精灯、试管架、恒温培养箱等。

四、操作步骤

1. 水样的采取

(1)检测自来水

火焰烧灼自来水龙头 3min 以灭菌,再打开龙头放水让水流 5min,于火焰旁打开灭菌三角烧瓶的瓶塞,取水样,塞上塞子,立即进行检测。

(2)检测池水、河水或湖水

应采集距离水面 10～15cm 的深层水样。将已灭菌的带玻璃塞的空瓶,其口向下浸入水中,再翻转过来,拔开玻璃塞,水流入瓶中,装满后,塞好塞子,从水中取出。最好立即检测水样,不能立即检测则应放入冰箱保存。

2. 多管发酵法测定水中总大肠菌群

(1)自来水样的检测

① 初发酵试验:各取 100mL 水样分别加入 2 支装有 50mL 三倍浓缩乳糖蛋白胨的发酵烧瓶中;各取 10mL 水样分别加入 10 支盛有 5mL 三倍浓缩乳糖蛋白胨的发酵管中。混匀,37℃下培养 24h,24h 未产气者继续培养至 48h。

② 平板分离:将经过 24h、48h 培养后产酸产气的发酵管(瓶),分别划线接种于伊红美蓝琼脂平板上,然后 37℃下培养 18～24h。培养后平板上找出符合以下特征的菌落:深紫黑色,有金属光泽;紫黑色,不带或略带金属光泽;淡紫红色,中心颜色较深的菌落。挑取特征菌落中的一小部分,做革兰氏染色并镜检。

③ 复发酵试验:经革兰氏染色、镜检后,如果为革兰氏阴性、无芽胞杆菌,则挑取该菌落的另一部分接种于普通浓度的乳糖蛋白胨发酵管中,每管可接种来自同一初发酵管的同类型菌落 1～3 个,经 37℃下培养 24h 后产酸又产气,就证实有大肠菌群存在。证实有大肠菌群存在后,再根据初发酵试验的阳性管(瓶)数查表 17-1 所列,即得总大肠菌群。

表 17 - 1 大肠菌群检索表(饮用水)

100mL 水样的阳性管数 / 10mL 水样的阳性管数	0	1	2	备注
	每升水样中大肠菌群数			
0	小于 3	4	11	
1	3	8	18	
2	7	13	27	
3	11	18	38	
4	14	24	52	接种水样总量
5	18	30	70	300mL(100mL
6	22	36	92	2 份,10mL 10 份)
7	27	43	120	
8	31	51	161	
9	36	60	230	
10	40	69	大于 230	

(2)池水、河水或湖水等水样的检测

用于检验的水样量,应根据预计水源水的污染程度选用下列各量。

① 严重污染水:稀释成 10^{-1}、10^{-2}、10^{-3},接种水样 1.111mL,其中 1mL、0.1mL、0.01mL、0.001mL 各 1 份。

② 中度污染水:稀释成 10^{-1}、10^{-2},接种水样 11.11mL,其中 10mL、1mL、0.1mL、0.01mL 各 1 份。

③ 轻度污染水:稀释成 10^{-1},接种水样 111.1mL,其中 100mL、10mL、1mL、0.1mL 各 1 份。

④ 清洁水不稀释,接种水样总量 300mL,其中 2 份 100mL 水样,10 份 10mL 水样。

下面以中度污染水为例来说明测定过程:

a. 稀释水样:将水样按 10^{-1}、10^{-2} 比例稀释。

b. 初发酵:分别吸取 1mL 10^{-2}、10^{-1} 稀释的水样和 1mL 原水样,各注入装有 10mL 普通浓度乳糖蛋白胨的发酵管中。另取 10mL 和 100mL 原水样,分别注入装有 5mL 和 50mL 三倍浓缩乳糖蛋白胨发酵液的试管(瓶)中。混匀后,37℃下培养 24h,24h 未产气的继续培养至 48h。

c. 平板分离和复发酵试验同上述自来水检测。

证实有大肠菌群存在后,1mL、0.1mL、0.01mL、0.001mL 水样的发酵管(接种水样总量为 1.111mL)结果查表 17-2 所列,10mL、1mL、0.1mL、0.01mL 水样的发酵管(接种水样总量为 11.11mL)结果查表 17-3 所列,100mL、10mL、1mL、0.1mL 水样的发酵管(接种水样总量为 111.1mL)结果查表 17-4 所列,即获得每升水样中的总大肠菌群。

表 17-2 大肠菌群检索表(严重污染水)

接种水样量/mL				每升水样中大肠菌群数	备注
1	0.1	0.01	0.001		
—	—	—	—	小于 900	
—	—	—	+	900	
—	—	+	—	900	
—	+	—	—	950	
—	—	+	+	1800	
—	+	—	+	1900	
—	+	+	—	2200	接种水样总量为 1.111mL(1mL, 0.1mL,0.01mL,0.001mL 各一份) "+"表示大肠菌群发酵阳性,"—" 表示大肠菌群发酵阴性
+	—	—	—	2300	
—	+	+	+	2800	
+	—	—	+	9200	
+	—	+	—	9400	
+	—	+	+	18000	
+	+	—	—	23000	
+	+	—	+	96000	
+	+	+	—	238000	
+	+	+	+	大于 238000	

表 17-3 大肠菌群检索表(中度污染水)

接种水样量/mL				每升水样中大肠菌群数	备注
10	1	0.1	0.01		
—	—	—	—	小于 90	
—	—	—	+	90	接种水样总量为 11.11mL(10mL, 1mL,0.1mL,0.01mL 各一份)
—	—	+	—	90	
—	+	—	—	95	

（续表）

接种水样量/mL				每升水样中	备注
10	1	0.1	0.01	大肠菌群数	
−	−	+	+	180	
−	+	−	+	190	
−	+	+	−	220	
+	−	−	−	230	
−	+	+	+	280	
+	−	−	+	920	"+"表示大肠菌群发酵阳性，"−" 表示大肠菌群发酵阴性
+	−	+	+	940	
+	−	+	+	1800	
+	+	−	−	2300	
+	+	−	+	9600	
+	+	+	−	23800	
+	+	+	+	大于 23800	

表 17 - 4　大肠菌群检索表（轻度污染水）

接种水样量/mL				每升水样中	备注
100	10	1	0.1	大肠菌群数	
−	−	−	−	小于 9	
−	−	−	+	9	
−	−	+	−	9	
−	+	−	−	9.5	
−	−	+	+	18	
−	+	−	+	19	
−	+	+	−	22	接种水样总量为 111.1mL（100mL， 10mL,1mL,0.1mL 各一份） "+"表示大肠菌群发酵阳性，"−" 表示大肠菌群发酵阴性
+	−	−	−	23	
−	+	+	+	28	
+	−	−	+	92	
+	−	+	−	94	
+	−	+	+	180	
+	+	−	−	230	
+	+	−	+	960	
+	+	+	−	2380	
+	+	+	+	大于 2380	

五、注意事项

水样接种量 1mL 及以内用普通浓度的乳糖蛋白胨发酵管，水样接种量大于 1mL 用三倍浓缩的乳糖蛋白胨发酵管；接种量在 1mL 以上者，还应保证接种后发酵管（瓶）中的总液体量为单倍培养液量。

六、实验结果

提交总大肠菌群检测结果报告。

（1）自来水样：100mL 水样的阳性管数是多少？ 10mL 水样的阳性管数是多少？ 查表 17-1 所列获得的每升水样中总大肠菌群是多少？

（2）池水、河水或湖水样：阳性结果记"＋"，阴性结果记"－"。查表 17-2 所列获得的每升水样中总大肠菌群是多少？ 查表 17-3 所列获得的每升水样中总大肠菌群是多少？ 查表 17-4 所列获得的每升水样中总大肠菌群是多少？

（3）试设计一表格，填上你的实验结果，并对实验结果做解释说明。

七、思考题

1. 大肠菌群的定义是什么？ 它主要包括哪些细菌属？

2. 假如水中有大量的致病菌，如痢疾、伤寒、霍乱等病原菌，用多管发酵法检测总大肠菌群，能否得到阳性结果？ 为什么？

3. 为什么 EMB 培养基的琼脂平板能够作为检测大肠菌群的鉴别平板？

4. 为什么接种 100mL、10mL 水样用的是三倍浓缩的乳糖蛋白胨培养基，而接种 1mL、0.1mL、0.01mL、0.001mL 水样，则用普通浓度乳糖蛋白胨培养基？

实验 18　食品中菌落总数的测定

一、实验目的

1. 学习并掌握细菌的分离与活菌计数的基本方法和原理。
2. 了解菌落总数测定在对被检测样品进行卫生学评价中的意义。

二、实验原理

菌落总数是指食品经过处理，在一定条件下（如培养基、培养温度和培养时间等）培养后，所得每克（毫升）检样中形成的微生物菌落总数。菌落总数主要作为判别食品被污染程度的指标，也可以应用这一方法观察细菌在食品中繁殖的动态，以便在对被检测样品进行卫生学评价时提供依据。

菌落总数并不表示样品中实际存在的所有细菌总数，菌落总数并不能区分其中细菌的种类，所以有时候被称为杂菌数、需氧菌数等。

三、实验用品

1. 试剂

平板计数琼脂培养基、无菌生理盐水或磷酸盐缓冲液。

（1）琼脂培养基配制方法

成分：胰蛋白胨 5.0g、酵母浸膏 2.5g、葡萄糖 1.0g、琼脂 15.0g、蒸馏水 1000mL，pH 值为 7.0±0.2。将上述成分加于蒸馏水中，煮沸溶解，调节 pH 值。分装试管或锥形瓶，121℃高压灭菌 15min。

（2）无菌生理盐水配制方法

成分：氯化钠 8.5g、蒸馏水 1000mL。制法：称取 8.5g 氯化钠溶于 1000mL 蒸馏水中，121℃高压灭菌 15min。

2. 仪器

恒温培养箱、冰箱、恒温水浴箱、天平、均质器、振荡器、无菌吸管、无菌锥形瓶、无菌培养皿、pH 计或 pH 比色管或精密 pH 试纸、放大镜或/和菌落计数器等。

四、操作步骤

菌落总数的检验程序如图 18-1 所示。

1. 取样、稀释

（1）固体和半固体样品：称取 25g 样品置于盛有 225mL 磷酸盐缓冲液或生理

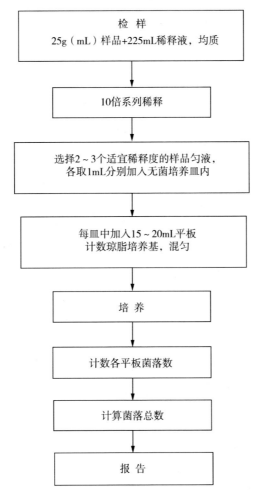

图 18-1　菌落总数的检验程序

盐水的无菌均质杯内,8000~10000r/min 均质 1~2min,或放入盛有 225mL 稀释液的无菌均质袋中,用拍击式均质器拍打 1~2min,制成 1:10 的样品匀液。

　　(2)液体样品:以无菌吸管吸取 25mL 样品置于盛有 225mL 磷酸盐缓冲液或生理盐水的无菌锥形瓶(瓶内预置适当数量的无菌玻璃珠)中,充分混匀,制成1:10 的样品匀液。

　　(3)用 1mL 无菌吸管或微量移液器吸取 1:10 样品匀液 1mL,沿管壁缓慢注于盛有 9mL 稀释液的无菌试管中(注意吸管或吸头尖端不要触及稀释液面),振摇试管或换用 1 支无菌吸管反复吹打使其混合均匀,制成 1:100 的样品匀液。

　　(4)按上述(3)中的操作程序,制备 10 倍系列稀释样品匀液。每递增稀释一次,换用 1 次 1mL 无菌吸管或吸头。

(5)根据对样品污染状况的估计,选择 2～3 个适宜稀释度的样品匀液(液体样品可包括原液),在进行 10 倍递增稀释时,吸取 1mL 样品匀液于无菌平皿内,每个稀释度做两个平皿。同时,分别吸取 1mL 空白稀释液加入两个无菌平皿内做空白对照。

(6)及时将 15～20mL 冷却至 46℃的平板计数琼脂培养基(可放置于 46℃±1℃恒温水浴箱中保温)倾注于平皿中,并转动平皿使其混合均匀。

2. 培养

待琼脂凝固后,将平板翻转,36℃±1℃下培养 48h±2h。水产品 30℃±1℃下培养 72h±3h。

3. 菌落计数

可用肉眼观察,必要时用放大镜或菌落计数器,记录稀释倍数和相应的菌落数量。菌落计数以菌落形成单位(Colony Forming Units,CFU)表示。

计算相同稀释度的平均菌落数:

(1)若其中一个平板有较多菌落连在一起成片时,则不应采用,而应以不成片的菌落平板作为该稀释度的菌落数。

(2)若成片菌落的大小不到平板的一半,而其余的一半菌落分布又很均匀时,则可将此一半的菌落数乘以 2,以代表全平板的菌落数,然后再计算该稀释度的平均菌落数。

(3)当平板上出现菌落间无明显界线的链状生长时,则将每条单链作为一个菌落计数。

4. 菌落计数报告方法

(1)平皿菌落数的选择

选择菌落数在 30 至 300 之间的平皿作为菌落总数测定标准。每一个稀释度应采用两个平皿的平均数。

(2)稀释度的选择

① 首选平均菌落数在 30 至 300 之间的,当只有一个稀释度的平均菌落数在此范围时,以该平均菌落数乘以其稀释倍数,即为该样品的菌落总数,如表 18－1 所列中的例 1。

表 18－1 稀释度选择及菌落数报告方式

例次	不同稀释度的平均菌落数			菌落总数(CFU/g 或 CFU/mL)	报告方式(CFU/g 或 CFU/mL)
	10^{-1}	10^{-2}	10^{-3}		
1	1365	164	20	$164 \times 100 = 16400$	1.6×10^4
2	不可计	1650	513	$513 \times 1000 = 513000$	5.1×10^5

（续表）

例次	不同稀释度的平均菌落数			菌落总数(CFU/g 或 CFU/mL)	报告方式(CFU/g 或 CFU/mL)
	10^{-1}	10^{-2}	10^{-3}		
3	27	11	5	$27 \times 10 = 270$	2.7×10^2
4	0	0	0	$<1 \times 10 = <10$	<10
5	不可计	305	12	$305 \times 100 = 30500$	3.1×10^4

② 若有两个连续稀释度的平板菌落数在 30 至 300 之间,按菌落计数的公式计算(表 18-2):

$$N = \frac{\sum C}{(n_1 + 0.1 n_2)d}$$

式中,N——样品中菌落数;

$\quad \sum C$——平板(含适宜范围菌落数的平板)菌落数之和;

$\quad n_1$——第一稀释度(低的)平板个数;

$\quad n_2$——第二稀释度(高的)平板个数;

$\quad d$——稀释因子(第一稀释度)。

表 18-2 示例

稀释度	1:100(第一稀释度)	1:1000(第二稀释度)
菌落数(CFU)	232,244	33,35

$$N = \frac{\sum C}{(n_1 + 0.1 n_2)d}$$

$$= \frac{232 + 244 + 33 + 35}{[2 + (0.1 \times 2)] \times 10^{-2}}$$

$$= \frac{544}{0.022}$$

$$= 24727$$

上述数据经"四舍五入"后,表示为 25000 或 2.5×10^4。

③ 若所有稀释度的菌落数均大于 300,则应以稀释度最高的平均菌落数乘以稀释倍数,如表 18-1 所列中的例 2。

④ 若所有稀释度的菌落数均小于 30,则应以稀释度最低的平均菌落数乘以稀释倍数,如表 18-1 所列中的例 3。

⑤ 若所有稀释度均无菌落生长,则应按小于 1 乘以最低稀释倍数,如表 18-1 所列中的例 4。

⑥ 若所有稀释度均不在 30 至 300 之间,则应以最接近 300 或 30 的平均菌落数乘以稀释倍数,如表 18-1 所列中的例 5。

(3)菌落总数的报告

① 菌落数小于 100CFU 时,按"四舍五入"原则修约,以整数报告。

② 菌落数大于或等于 100CFU 时,第 3 位数字采用"四舍五入"原则修约后,取前 2 位数字,后面用 0 代替;也可用 10 的指数形式来表示,按"四舍五入"原则修约后,采用两位有效数字。

③ 若所有平板上为蔓延菌落而无法计数,则报告菌落蔓延。

④ 若空白对照上有菌落生长,则此次检测结果无效。

⑤ 称重取样以 CFU/g 为单位报告,体积取样以 CFU/mL 为单位报告。

五、注意事项

1. 测定食品中菌落总数时,培养基的配制和各营养成分的配比要适当。

2. 稀释度的选择要恰当,并在操作中尽量做到准确。

3. 注意菌落总数的计数和结果报告方式。

六、结果处理

1. 将实验测出的样品数据以报表方式报告结果。

2. 对样品菌落总数做出是否符合卫生要求的结论。

七、思考题

1. 食品检验为什么要测定细菌菌落总数?

2. 实验操作如何使数据可靠?

3. 食品中检出的菌落总数是否代表该食品中的所有细菌数? 为什么?

4. 营养琼脂培养基在使用前温度为什么要保持在(46±1)℃?

实验 19 食品中大肠菌群的测定

一、实验目的

1. 了解大肠菌群 MPN 测定的原理。
2. 掌握测定食品中大肠菌群 MPN 的基本方法。
3. 掌握大肠菌群 MPN 测定结果的报告方式。
4. 了解常见食品大肠菌群 MPN 的卫生标准。

二、实验原理

大肠菌群是指一群在 37℃、24h 中能分解乳糖、产酸产气、需氧和兼性厌氧的革兰氏阴性无芽孢杆菌。它包括埃希菌属、枸橼酸菌属、肠杆菌属（又叫产气杆菌属，包括阴沟肠杆菌和产气肠杆菌）、克雷伯菌属中的一部分和沙门菌属的第 Ⅲ 亚属（能发酵乳糖）的细菌。

大肠菌群主要来源于人畜粪便，故常以此作为粪便污染指标来评价食品的卫生质量，具有广泛的卫生学意义。它反映了食品是否被粪便污染，同时间接地指出食品是否有肠道致病菌污染的可能性。

最大可能数（Most Probable Number，MPN）是基于泊松分布的一种间接计数方法。MPN 法是统计学和微生物学结合的一种定量检测法。待测样品经系列稀释并培养后，根据其未生长的最低稀释度与生长的最高稀释度，应用统计学概率论推算出待测样品中大肠菌群的最大可能数。

MPN 法适用于大肠菌群含量较低的食品中大肠菌群的计数，食品中大肠菌群以每 g（或 mL）检样中大肠菌群最大可能数（MPN）表示。

三、实验用品

1. 试剂

（1）月桂基硫酸盐胰蛋白胨（Lauryl Sulfate Tryptose，LST）肉汤

成分：胰蛋白胨或胰酪胨 20.0g、氯化钠 5.0g、乳糖 5.0g、磷酸氢二钾（K_2HPO_4）2.75g、磷酸二氢钾（KH_2PO_4）2.75g、月桂基硫酸钠 0.1g、蒸馏水 1000mL，pH 值为 6.8±0.2。

配制方法：将上述成分溶解于蒸馏水中，调节 pH 值。分装到有玻璃小倒管的

试管中,每管 10mL。121℃高压灭菌 15min。

(2)煌绿乳糖胆盐(Brilliant Green Lactose Bile,BGLB)肉汤

成分:蛋白胨 10.0g、乳糖 10.0g、牛胆粉(oxgall 或 oxbile)溶液 200mL、0.1%煌绿水溶液 13.3mL、蒸馏水 800mL,pH 值为 7.2±0.1。

配制方法:将蛋白胨、乳糖溶于约 500mL 蒸馏水中,加入牛胆粉溶液 200mL(将 20.0g 脱水牛胆粉溶于 200mL 蒸馏水中,调节 pH 值为 7.0~7.5),用蒸馏水稀释到 975mL,调节 pH 值为 7.2±0.1,再加入 0.1%煌绿水溶液 13.3mL,用蒸馏水补足到 1000mL,用棉花过滤后,分装到有玻璃小倒管的试管中,每管 10mL。121℃高压灭菌 15min。

(3)无菌生理盐水

成分:氯化钠 8.5g、蒸馏水 1000mL。

配制方法:称取 8.5g 氯化钠溶于 1000mL 蒸馏水中,121℃高压灭菌 15min。

(4)无菌 1 mol/L NaOH

成分:NaOH 40.0g、蒸馏水 1000mL。

配制方法:称取 40g 氢氧化钠溶于 1000mL 蒸馏水中,121℃高压灭菌 15min。

(5)无菌 1 mol/L HCl

成分:HCl 90mL、蒸馏水 1000mL。

配制方法:移取浓盐酸 90mL,用蒸馏水稀释至 1000mL,121℃高压灭菌 15min。

2. 仪器

恒温培养箱、冰箱、恒温水浴箱、天平、均质器、振荡器、无菌吸管、无菌锥形瓶、无菌培养皿、pH 计或 pH 比色管或精密 pH 试纸、菌落计数器等。

四、操作步骤

食品中大肠菌群 MPN 检验按国家标准 GB/T 4789.3—2016 操作,检验基本程序如图 19-1 所示。

1. 样品的稀释

(1)固体和半固体样品:称取 25g 样品,放入盛有 225mL 磷酸盐缓冲液或生理盐水的无菌均质杯内,8000~10000r/min 均质 1~2min,或放入盛有 225mL 磷酸盐缓冲液或生理盐水的无菌均质袋中,用拍击式均质器拍打 1~2min,制成 1∶10 的样品匀液。

(2)液体样品:以无菌吸管吸取 25mL 样品置于盛有 225mL 磷酸盐缓冲液或生理盐水的无菌锥形瓶(瓶内预置适当数量的无菌玻璃珠)中,充分混匀,制成 1∶10 的样品匀液。

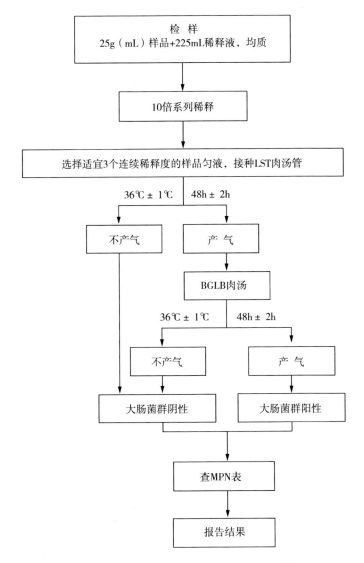

图 19－1　大肠菌群 MPN 计数法检验程序

（3）样品匀液的 pH 值应在 6.5 至 7.5 之间，必要时分别用 1mol/L NaOH 或 1mol/L HCl 调节。

（4）用 1mL 无菌吸管或微量移液器吸取 1∶10 样品匀液 1mL，沿管壁缓缓注入 9mL 磷酸盐缓冲液或生理盐水的无菌试管中（注意吸管或吸头尖端不要触及稀释液面），振摇试管或换用 1 支 1mL 无菌吸管反复吹打，使其混合均匀，制成 1∶100 的样品匀液。

(5)根据对样品污染状况的估计,按上述操作,依次制成 10 倍递增系列稀释样品匀液。每递增稀释 1 次,换用 1 支 1mL 无菌吸管或吸头。从制备样品匀液至样品接种完毕,全过程不得超过 15min。

2. 初发酵试验

每个样品,选择 3 个适宜的连续稀释度的样品匀液(液体样品可以选择原液),每个稀释度接种 3 管月桂基硫酸盐胰蛋白胨(LST)肉汤,每管接种 1mL(如接种量超过 1mL,则用双料 LST 肉汤),(36±1)℃培养(24±2)h,观察倒管内是否有气泡产生,(24±2)h 产气者进行复发酵试验,如未产气则继续培养至(48±2)h,产气者进行复发酵试验。未产气者为大肠菌群阴性。

3. 复发酵试验(证实试验)

用接种环从产气的 LST 肉汤管中分别取培养物 1 环,移种于煌绿乳糖胆盐肉汤(BGLB)管中,(36±1)℃培养(48±2)h,观察产气情况。产气者,即为大肠菌群阳性管。

4. 大肠菌群最大可能数(MPN)的报告

按上述步骤 3 中确证的大肠菌群 BGLB 阳性管数,检索 MPN 表(GB/T 4789.3—2016 附录 B),报告每 g(mL)样品中大肠菌群的 MPN 值。

五、注意事项

1. 产气量:大肠菌群的产气量,多则可以使发酵套管充满气体,少则产生比小米粒还小的气泡。一般来说,产气量与大肠菌群检出率呈正相关,但随着样品种类而有不同,有米粒大小气泡也有阳性检出,所以对于产气量要根据实践经验慎重考虑。

2. MPN 检索表:最大可能数(MPN)是对样品中活菌密度的估测。

每 g(mL)检样中大肠菌群最大可能数(MPN)的检索见表 19-1 所列。

六、结果处理

1. 详细记录实验现象。

2. 报告根据证实大肠菌群的阳性管数,查 MPN 检索表(GB/T 4789.3—2016 附录 B),报告每 g(或 mL)样品中大肠菌群的最大可能数,即 MPN 值。

七、思考题

1. 大肠菌群的定义是什么?

2. 为什么选择大肠菌群作为食品被粪便污染的指标菌?

表 19 - 1 大肠菌群最大可能数(MPN)检索表

阳性管数			MPN	95%可信限		阳性管数			MPN	95%可信限	
0.1	0.01	0.001		下限	上限	0.1	0.01	0.001		下限	上限
0	0	0	<3.0	—	9.5	2	2	0	21	4.5	42
0	0	1	3.0	0.15	9.6	2	2	1	28	8.7	94
0	1	0	3.0	0.15	11	2	2	2	35	8.7	94
0	1	1	6.1	1.2	18	2	3	0	29	8.7	94
0	2	0	6.2	1.2	18	2	3	1	36	8.7	94
0	3	0	9.4	3.6	38	3	0	0	23	4.6	94
1	0	0	3.6	0.17	18	3	0	1	38	8.7	110
1	0	1	7.2	1.3	18	3	0	2	64	17	180
1	0	2	11	3.6	38	3	1	0	43	9	180
1	1	0	7.4	1.3	20	3	1	1	75	17	200
1	1	1	11	3.6	38	3	1	2	120	37	420
1	2	0	11	3.6	42	3	1	3	160	40	420
1	2	1	15	4.5	42	3	2	0	93	18	420
1	3	0	16	4.5	42	3	2	1	150	37	420
2	0	0	9.2	1.4	38	3	2	2	210	40	430
2	0	1	14	3.6	42	3	2	3	290	90	1000
2	0	2	20	4.5	42	3	3	0	240	42	1000
2	1	0	15	3.7	42	3	3	1	460	90	2000
2	1	1	20	4.5	42	3	3	2	1100	180	4100
2	1	2	27	8.7	94	3	3	3	>1100	420	—

注:① 本表采用 3 个稀释度[0.1g(mL)、0.01g(mL)、0.001g(mL)],每个稀释度接种 3 管。

② 表内所列检样量如改用 1g(mL)、0.1g(mL)、0.01g(mL)时,表内数字应相应降低 10 倍;如改用 0.01g(mL)、0.001g(mL)、0.0001g(mL)时,则表内数字应相应增高 10 倍,其余依次类推。

实验 20 食品中霉菌和酵母菌的测定

一、实验目的

1. 了解并掌握食品中霉菌和酵母菌测定的基本方法和原理。
2. 掌握食品中霉菌和酵母菌测定结果的报告方式。

二、实验原理

酵母菌是真菌中的一大类,通常是单细胞,呈圆形、卵圆形、腊肠形或杆状。霉菌也是真菌,能够形成疏松的绒毛状的菌丝体的真菌称为霉菌。霉菌和酵母菌广泛分布于自然界并可作为食品中正常菌相的一部分。

霉菌和酵母菌也可造成食物腐败变质。由于它们生长缓慢和竞争能力不强,故常常在不适于细菌生长的食品中出现,这些食品是 pH 值低、湿度低、含盐和含糖高的食品,低温贮藏的食品,含有抗菌素的食品等。由于霉菌和酵母菌能抵抗热、冷冻,以及抗菌素和辐照等贮藏及保藏技术,它们能转换某些不利于细菌的物质,而促进致病细菌的生长;有些霉菌能够合成有毒代谢产物——霉菌毒素。霉菌和酵母菌往往使食品表面失去色、香、味。例如,酵母菌在新鲜的和加工的食品中繁殖,可使食品产生难闻的异味,它还可以使液体发生混浊、产生气泡、形成薄膜、改变颜色及散发不正常的气味等。因此,霉菌和酵母菌也作为评价食品卫生质量的指示菌,并以霉菌和酵母菌计数来确定食品被污染的程度。目前已有若干个国家制定了某些食品中霉菌和酵母菌的限量标准。我国也已制定了一些食品中霉菌和酵母菌的限量标准。

三、实验用品

1. 试剂

(1)孟加拉红培养基

成分:蛋白胨 5.0g、葡萄糖 10.0g、磷酸二氢钾 1.0g、硫酸镁(无水)0.5g、琼脂 20.0g、孟加拉红 0.033g、氯霉素 0.1g、蒸馏水 1000mL。

配制方法:上述各成分加入蒸馏水中,加热熔化,补足蒸馏水至 1000mL,分装后,121℃高压灭菌 20min。

(2)无菌生理盐水

成分:氯化钠 8.5g、蒸馏水 1000mL。

配制方法:称取 8.5g 氯化钠溶于 1000mL 蒸馏水中,121℃高压灭菌 15min。

2. 仪器

冰箱、恒温培养箱、拍击式均质器及均质袋、恒温水浴锅、电子天平、无菌锥形瓶、无菌广口瓶、无菌吸管、无菌平皿、无菌试管、漩涡混合器等。

四、操作步骤

霉菌和酵母菌计数的检验程序如图 20-1 所示。

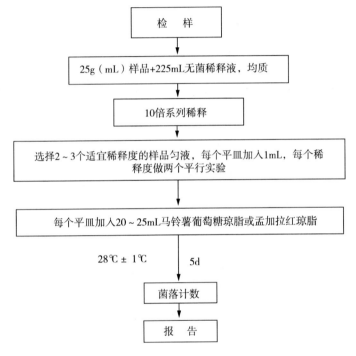

图 20-1 霉菌和酵母菌计数的检验程序

1. 样品的稀释

(1)固体和半固体样品:称取 25g 样品,加入 225mL 无菌稀释液(蒸馏水或生理盐水或磷酸盐缓冲液),充分振摇,或用拍击式均质器拍打 1~2min,制成 1:10 的样品匀液。

(2)液体样品:以无菌吸管吸取 25mL 样品至盛有 225mL 无菌稀释液(蒸馏水或生理盐水或磷酸盐缓冲液)的适宜容器内(可在瓶内预置适当数量的无菌玻璃珠)或无菌均质袋中,充分振摇或用拍击式均质器拍打 1~2min,制成 1:10 的样品匀液。

(3)取 1mL 1:10 稀释液注入含有 9mL 无菌稀释液的试管中,另换一支 1mL

无菌吸管反复吹吸,或在漩涡混合器上混匀,此液为 1∶100 的样品匀液。

(4)按上述步骤(3)中的操作程序,制备 10 倍系列稀释样品匀液。每递增稀释一次,换用 1 次 1mL 无菌吸管。

(5)根据对样品污染状况的估计,选择 2～3 个适宜稀释度的样品匀液(液体样品可包括原液),在进行 10 倍递增稀释的同时,每个稀释度分别吸取 1mL 样品匀液于 2 个无菌平皿内。同时分别取 1mL 样品稀释液加入 2 个无菌平皿做空白对照实验。

(6)及时将 20～25mL 冷却至 46℃的孟加拉红培养基(可放置于 46℃±1℃恒温水浴箱中保温)倾注于平皿中,并转动平皿使其混合均匀。置水平台面待培养基完全凝固。

2. 培养

琼脂凝固后,倒置平板,置 28℃±1℃培养箱中培养,观察并记录培养至第 5d 的结果。

五、注意事项

1. 加入检样液时,吸管尖端不要触及瓶口或试管口外部,也不得触及管内稀释液,将吸管内的液体沿管壁小心加入,以免增加检样液。

2. 吸管插入检样液内取样稀释时,插入深度要达 2.5cm 以上,调整时应使管尖与容器内壁紧贴。

3. 每递增稀释一次,即换用另一支 1mL 灭菌吸管。

4. 培养基不能触及平皿口边沿,加入培养基后可正反两个方向旋转,但不可用力过度,以免培养基溅起触及上盖。

5. 检样从开始稀释到倾注最后一个平皿,所用时间不宜过长。

六、结果处理

1. 实验现象

详细记录实验现象。

2. 实验结果

(1)菌落计数

用肉眼观察,必要时可用放大镜或低倍镜,记录稀释倍数与相应的霉菌和酵母菌数。以菌落形成单位(Colony Forming Units,CFU)表示。

选取菌落数为 10～150CFU 的平板,根据菌落形态分别计数霉菌和酵母菌。霉菌蔓延生长覆盖整个平板的可记录为"菌落蔓延"。

(2)计算同一稀释度的两个平板菌落数的平均值,再将平均值乘以相应稀释倍数。

(3)若有两个稀释度平板上菌落数均为 10～150CFU,按菌落计数的公式计算:

$$N = \frac{\sum C}{(n_1 + 0.1n_2)d}$$

式中,N—— 样品中菌落数;

$\sum C$—— 平板菌落数之和;

n_1—— 第一稀释度(低的)平板个数;

n_2—— 第二稀释度(高的)平板个数;

d—— 稀释因子(第一稀释度)。

(4)若所有平板上菌落数均大于 150CFU,则应对稀释度最高的平板进行计数,其他平板可记录为"多不可计",结果按平均菌落数乘以最高稀释倍数计算。

(5)若所有平板上菌落数均小于 10CFU,则应按稀释度最低的平均菌落数乘以稀释倍数计算。

(6)若所有稀释度(包括液体样品原液)平板均无菌落生长,则以小于 1 乘以最低稀释倍数计算。

(7)若所有稀释度的平板菌落数均不在 10～150CFU,其中一部分小于 10CFU 或大于 150CFU 时,则以最接近 10CFU 或 150CFU 的平均菌落数乘以稀释倍数计算。

3. 实验报告

(1)菌落按"四舍五入"原则修约。菌落数在 10 以内时,采用一位有效数字报告;菌落数为 10～100 时,采用两位有效数字报告。

(2)菌落数大于或等于 100 时,前 3 位数字采用"四舍五入"原则修约后,取前 2 位数字,后面用 0 代替来表示结果;也可用 10 的指数形式来表示,此时也按"四舍五入"原则修约,采用两位有效数字。

(3)若空白对照平板上有菌落出现,则此次检测结果无效。

(4)称重取样以 CFU/g 为单位报告,体积取样以 CFU/mL 为单位报告,报告或分别报告霉菌和/或酵母菌数。

七、思考题

1. 为什么霉菌和酵母菌可作为评价食品卫生质量的指示菌?

2. 培养时为什么要把培养皿倒置培养?

第三部分　实际应用实验

实验 21　固定化酵母生产酒精

一、实验目的

1. 了解细胞固定化的原理,掌握酵母细胞固定化的方法。
2. 学会使用固定化酵母,将糊化、液化、糖化后的淀粉糖发酵生产为酒精。

二、基本原理

细胞固定化的方法很多,有吸附法、包埋法、交联法、共价结合法、多孔介质包埋法和超过滤法等。本实验采用最常用的包埋法进行酵母细胞的固定化,其原理是利用海藻酸钠凝胶溶液在氯化钙存在下形成中空的海藻酸钙凝胶颗粒,将悬浮在海藻酸钠溶液中的酵母也同时包裹在胶粒中。

本实验采用淀粉为原料,用耐高温 α-淀粉酶将淀粉液化,再用真菌淀粉酶进行糖化处理,尽可能使淀粉全部水解完全,再用固定化的酒化酵母进行前发酵和后发酵处理,最后得到的酒液经后熟陈酿即得白酒,此为白酒的液态发酵法。

三、实验用品

1. 试剂

(1)豆芽汁培养基

成分:黄豆芽 100g、葡萄糖 50.0g、蒸馏水 1000mL。

配制方法:黄豆芽 100g,加蒸馏水 1000mL,煮沸 30min,过滤,滤液加葡萄糖 50g,然后再补足水分至 1000mL,自然 pH 值。分装后,121℃灭菌 20min。

(2)无菌生理盐水

成分:氯化钠 8.5g、蒸馏水 1000mL。

配制方法:称取 8.5g 氯化钠溶于 1000mL 蒸馏水中,121℃高压灭菌 15min。

(3)10%海藻酸钠溶液

成分:海藻酸钠 10g、无菌蒸馏水 100mL。

配制方法:称取 10g 海藻酸钠加热溶于 100mL 无菌蒸馏水中。

(4)0.05mol/L $CaCl_2$ 葡萄糖溶液

成分:葡萄糖 100g、$CaCl_2$ 5.55g、无菌蒸馏水 1000mL。

配制方法:称取 100g 葡萄糖定容至 1000mL 无菌蒸馏水中,得到 10%的葡萄糖溶液。

称取 5.55g CaCl$_2$ 定容至 1000mL 的 10% 葡萄糖溶液中,即为 0.05mol/L CaCl$_2$ 葡萄糖的溶液。

2. 仪器

冰箱、恒温培养箱、无菌超净工作台、摇床、电子天平、无菌锥形瓶、无菌吸管、无菌平皿、发酵装置、烧杯、试管等。

四、操作步骤

1. 固定化酵母的制作步骤

(1)酵母乳的制备

将新鲜酵母菌种接种入黄豆芽汁液体培养基中,在 28℃ 振荡培养 24h(160~200r/min),离心收集细胞(3000r/min,10min),用适当的无菌生理盐水洗涤,稀释,使酵母细胞的浓度达 $5.0 \times 10^9 \sim 5.0 \times 10^{10}$ 个细胞/mL。

(2)海藻酸盐凝胶包埋酵母细胞

将海藻酸盐溶于无菌蒸馏水中,浓度达 10%,与酵母乳以 1:5 的比例混合,用滴管或针头(口径为 1mm)将酵母和海藻酸钠的混合物缓慢地滴入含有 0.05mol/L CaCl$_2$ 葡萄糖的溶液中(10%),并进行搅拌,即得包埋酵母的海藻酸钙凝胶颗粒。

因固定化的酵母在营养供给的情况下,会在凝胶中生长繁殖,如果只有少量酵母细胞培养液包入凝胶中后,通过保温振荡培养,经 60h 细胞可增长至 $5.4 \times 10^9 \sim 1.0 \times 10^{10}$ 个,固定化细胞在靠近胶粒表面的地方形成紧密的薄层,可有效地催化生化反应。同均匀混入凝胶的固定化细胞制备物相比,生产效率更高;但过度的细胞增殖会造成胶粒的破损。

(3)淀粉的糖化

取细度为 40 目以上的薯干淀粉 1 份,加入 5 份水和 15 个单位 α-淀粉酶(高温)/g 淀粉,于 95℃ 下液化 1.5h。糖化时间 100min,糖化温度 65℃,糖化酶加入量 250U/g。

2. 乙醇连续化发酵

(1)固定化酵母柱的制备

将空柱用蒸汽或酒精杀菌,然后将固定化酵母凝胶颗粒装入柱中,使用前用无菌水冲洗几次。

(2)上柱

把固定化的酵母细胞装柱后,即可进行连续发酵生产乙醇,糖液的浓度一般为 16%~18%。发酵分为两个阶段,主发酵采用固定化酵母,醪液循环发酵 12h,发酵温度为 33℃~34℃,然后送入后发酵罐,利用醪液中的游离酵母发酵 18~20h。有些细胞会从胶中漏出,但流出液中每毫升只有 $10^6 \sim 10^7$ 个细胞,而胶中细胞维持

在每毫升 $10^9 \sim 10^{10}$ 个细胞的高水平上。在 90d 操作后,凝胶粒保持了其形状,逐步提高葡萄糖的浓度,可以得到高浓度的乙醇。

(3)测定固定化酵母连续发酵的发酵强度

取酒精醪液 100mL,加蒸馏水 100mL,于 500mL 蒸馏瓶中蒸馏,取 100mL 馏分,用比重瓶法测酒精浓度,计算出发酵强度(单位时间、单位容积发酵产生乙醇的量)。

五、注意事项

1. 使淀粉尽可能水解完全。
2. 酵母乳的细胞浓度达每毫升 $5.0 \times 10^9 \sim 5.0 \times 10^{10}$ 个细胞。
3. 制作包埋酵母的海藻酸钙凝胶颗粒时,不能有气泡,不能有拖尾现象,应呈圆形或椭圆形。

六、结果处理

1. 翔实记录每一步的实验结果。
2. 计算出发酵强度。

七、思考题

1. 制备固定化酵母细胞,常用的包埋材料和包埋方法是什么?
2. 影响酵母细胞包埋效果的因素有哪些?

实验 22　柠檬酸的发酵

一、实验目的

1. 通过柠檬酸的发酵实验,加深对柠檬酸代谢调控发酵的理解。
2. 掌握还原糖测定等实验技术。

二、基本原理

柠檬酸(citric acid),又称枸橼酸,广泛用作食品酸化剂、药物添加剂、化妆品和洗涤用品添加剂,是发酵行业的重要商业产品,全球的年产量超过 70 万吨,而且年需求量仍在以 3.5%～4% 的速度增长。寻找来源广泛、价格低廉的生产原料一直是生产企业和研究人员的一个重要研究方向。近年来,以玉米粉作为柠檬酸发酵生产的替代原料日益受到关注。

柠檬酸的合成被认为是葡萄糖经 EMP 途径生成丙酮酸,丙酮酸在有氧的条件下,一方面氧化脱羧生成乙酰 CoA,另一方面丙酮酸羧化生成草酰乙酸,草酰乙酸与乙酰 CoA 在柠檬酸合成酶的作用下缩合生成柠檬酸,如图 22-1 所示。

细胞的正常代谢途径都遵循细胞学原理并受调控系统的精确控制,中间产物一般不会超常积累。因此,在三羧酸循环中,要使柠檬酸大量积累,就必须解决两个基本问题。第一,设法阻断代谢途径,即使柠檬酸不能继续代谢,实现积累。第二,代谢途径被阻断部位之后的产物,必须有适当的补充机制,满足代谢活动的最低需求,维持细胞生长,才能维持发酵持续进行。

在柠檬酸积累的条件下,三羧酸循环已被阻断,不能由此来提供合成

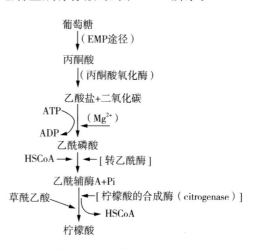

图 22-1　柠檬酸的合成途径

柠檬酸所需要的草酰乙酸,必须由另外途径来提供草酰乙酸。研究证实草酰乙酸是由丙酮酸(PYR)或磷酸烯醇式丙酮酸(PEP)羧化生成的。Johnson 认为,黑曲霉有两种 CO_2 固定酶系,两种系统均需 Mg^{2+}、K^+,其一是丙酮酸(PYR)在丙酮酸羧

化酶作用下羧化,生成草酰乙酸;其二是磷酸烯醇式丙酮酸(PEP)在 PEP 羧化酶的作用下羧化,生成草酰乙酸。

这两种酶中,其中丙酮酸羧化酶对 CO_2 固定酶的固定反应作用更大,已从黑曲霉中提纯获得此酶,并证实该酶是组成型酶。在黑曲霉中不存在苹果酸酶,故不可能由此催化丙酮酸还原羧化生成苹果酸。

EMP、HMP 途径降解生成丙酮酸,丙酮酸一方面氧化脱羧生成乙酰 CoA,另一方面经 CO_2 固定化反应生成草酰乙酸,草酰乙酸与 CoA 缩合生成柠檬酸。

(1)生长期与产酸期都存在 EMP 与 HMP 途径,前者 EMP:HMP=2:1,后者 EMP:HMP=4:1。

(2)黑曲霉柠檬酸产生菌中存在 TCA 循环与乙醛酸循环,在以糖质原料发酵时,当柠檬酸积累时,TCA 和乙醛酸循环被阻断或减弱。

(3)由于 TCA 和乙醛酸循环被阻断或减弱,草酰乙酸是由丙酮酸(PYR)或磷酸烯醇式丙酮酸(PEP)羧化生成的。即有两个 CO_2 固定化反应体系,其中以丙酮酸羧化酶作用下固定化 CO_2 生成草酰乙酸为主。

黑曲霉柠檬酸发酵的代谢调控,如图 22-2 所示。

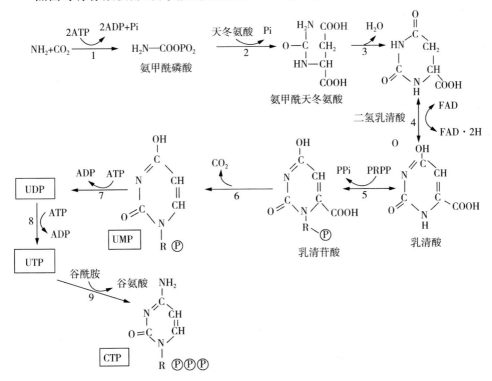

图 22-2　黑曲霉柠檬酸积累的代谢调节

柠檬酸可被许多微生物利用同化,而且是一种重要的代谢调节因子。通常微生物细胞中合成的柠檬酸进一步经 TCA 循环,生物合成其他有机酸,提供合成细胞物质的中间体或彻底氧化产生能量,为细胞活动和耗能合成代谢提供能量。因此,正常生长的细胞中柠檬酸是不会过量积累的。而黑曲霉积累柠檬酸受到四个方面的调节:糖酵解及丙酮酸代谢的调节;Mn^{2+} 调节;三羧酸循环的调节;O_2 的调节。其中三羧酸循环的调节尤为重要。

三羧酸循环的调节包括柠檬酸合成酶的调节、顺乌头酸水合酶和异柠檬酸脱氢酶的调节、α-酮戊二酸脱氢酶的调节几个方面。柠檬酸合成酶是 TCA 循环第一个酶。但黑曲霉中柠檬酸合成酶没有调节作用。顺乌头酸水合酶是催化柠檬酸 ⇌ 顺乌头酸 ⇌ 异柠檬酸可逆反应的酶,研究表明,黑曲霉中有一种单纯的位于线粒体上的顺乌头酸水合酶,它催化时能建立下面的平衡:柠檬酸∶顺乌头酸∶异柠檬酸=90∶3∶7。

顺乌头酸水合酶、NAD 和 NADP-异柠檬酸脱氢酶在柠檬酸产生与不产生时,这三种酶均存在,而在铜离子 0.3mg/L、铁离子 2mg/L 和 pH 值为 2.0 的情况下,这三种酶均不出现活力,发酵中柠檬酸正是在这个 pH 值条件下积累的。

在黑曲霉柠檬酸产生菌中,TCA 循环的一个显著特点是,α-酮戊二酸脱氢酶的合成受到葡萄糖和铵离子的阻遏。因此,当以葡萄糖为碳源时,在柠檬酸生成期,菌体内不存在 α-酮戊二酸脱氢酶或活力很低。

α-酮戊二酸脱氢酶催化的反应是 TCA 循环中唯一的不可逆反应,一旦 α-酮戊二酸脱氢酶丧失,就会引起:①TCA 循环中的苹果酸、富马酸、琥珀酸是由草酰乙酸逆 TCA 循环生成,使 TCA 循环成"马蹄形";②α-酮戊二酸又抑制异柠檬酸脱氢酶的活性。

此外,氧气对柠檬酸积累也有调节作用。乙酰 CoA 和草酰乙酸结合生成柠檬酸过程中要引进一个氧原子,因此氧也可以看成是柠檬酸生物合成底物。它对柠檬酸发酵的作用为:①氧是发酵过程生成的 $NADH_2$ 重新氧化的氢受体;②近来的研究发现,黑曲霉中除了具有一条标准呼吸链以外,还有一条侧系呼吸链。当缺氧时,只要很短时间中断供氧,就会导致此侧系呼吸链的不可逆失活,而导致柠檬酸产酸急剧下降。

黑曲霉积累柠檬酸的机理如下:

(1)由于严格限制供给锰离子等金属离子,或筛选耐高浓度锰离子、锌离子、铁离子等金属离子的菌株,降低菌体中糖代谢转向合成蛋白质、脂肪酸、核酸的能力,使细胞中形成高水平的铵离子,从而解除柠檬酸和 ATP 对 PFK 酶的反馈抑制,使 EMP 的代谢流增大。

(2)黑曲霉中存在一条呼吸活动强的侧系呼吸链,对氧敏感,但不产生 ATP,

这样使细胞内的 ATP 浓度下降,因而减轻了 ATP 对 PFK、CS 的反馈抑制,促使了 EMP 的畅通,增加了柠檬酸的生物合成。

(3)丙酮酸羧化酶是组成性酶,不受代谢调节控制,可源源不断地提供草酰乙酸,丙酮酸氧化脱羧生成乙酰 CoA 和 CO_2 固定反应取得平衡,保证前体物乙酰 CoA 和草酰乙酸的提供,柠檬酸合成酶又基本上不受调节或极微弱,增强了柠檬酸的合成能力。

(4)α-酮戊二酸水合酶催化时建立柠檬酸:顺乌头酸:异柠檬酸＝90:3:7 的平衡,顺乌头酸水合酶的作用总是趋向于合成柠檬酸,即柠檬酸分解活力低。一旦柠檬酸浓度升高到某一水平,就会抑制异柠檬酸脱氢酶活力,从而进一步促进柠檬酸自身积累,使 pH 值降至 2.0 以下。此时,顺乌头酸水合酶和异柠檬酸脱氢酶失活,更有利于柠檬酸积累并排出体外。

三、实验用品

1. 菌种

黑曲霉(*Aspergillus niger*)柠檬酸生产菌株 Co827。

2. 试剂

(1)马铃薯琼脂培养基。

成分:马铃薯 200g,蔗糖 20g,琼脂 20g。

制作方法:去皮马铃薯 200g 切成小块,加水约 500mL,煮沸 30min,然后用纱布过滤,滤液加蔗糖 20g、琼脂 20g,熔化后自来水定容至 1000mL,分装后,121℃灭菌 20min,取出摆成斜面备用。

(2)淀粉培养基。

成分:薯干淀粉、淀粉酶(中温)。

制作方法:取细度为 40 目以上的薯干淀粉 6~8g,装入 500mL 三角瓶中,再加入 40mL 水和 5 单位淀粉酶(中温)/g 淀粉,于 75℃~80℃下液化 15min,瓶口塞入 8 层纱布包扎好,于 110℃灭菌 15~20min,冷却备用。

(3)0.1429mol/L NaOH。

(4)1％酚酞试剂。

(5)斐林甲、乙溶液。

(6)0.01％标准葡萄糖溶液。

3. 仪器

摇床、恒温培养箱、冰箱、恒温水浴锅、电子天平、高压灭菌锅、15mL 试管、100mL 三角瓶、2000mL 烧杯、500mL 三角瓶、离心管若干。

四、操作步骤

1. 实验流程

保藏菌株→活化菌株(斜面培养)→200mL 三角瓶麸曲培养→500～1000mL 三角瓶液体发酵。

2. 种子制备

(1)斜面种子制备:用接种环挑取冰箱保存的斜面菌种于斜面培养基上,于 35℃恒温箱中培养 3～5d,待长满大量孢子后,即内活化的斜面种子。

(2)孢子悬浮液的制备:用无菌移液管吸取 5mL 无菌水至黑曲霉斜面上,用接种环轻轻刮下孢子,装入含有玻璃球的三角瓶,盖好塞子振荡数分钟。每支斜面的孢子悬浮液可接 2～3 个麸曲三角瓶。

3. 摇瓶发酵培养

将麸曲孢子(或直接将斜面种子)接种于上述淀粉的摇瓶发酵培养基中。接种量:一支斜面接 4～5 瓶,一瓶麸曲孢子接 20～35 瓶。500mL 三角瓶装液 40mL,于转速为 200r/min(24h 前为 100r/min、24h 后为 200r/min)或 300r/min(24h 前为 100r/min、24h 后为 300r/min)旋转摇床上,35℃下培养 3～4d。

4. 发酵过程检测

(1)发酵 0h、24h、48h、72h、96h 分别各取下两瓶检测残糖、柠檬酸含量,以观察发酵过程中黑曲霉的耗糖与柠檬酸生成速率。

反应条件:24h 前为 100r/min,24h 后为 200r/min。

(2)柠檬酸含量检测:一般检测发酵过程中的总酸,采用 0.1429mol/L NaOH 溶液滴定发酵过滤清液。

(3)总糖及残糖(还原糖)测定:采用斐林试剂法。

五、注意事项

1. 淀粉的糖化一定要完全。

2. 发酵液中溶氧量要高(后期摇床的转速 200r/min)。

3. 合适的 pH 值:黑曲霉在 pH 值为 2～3 的环境中发酵糖,产物以柠檬酸为主;当接近中性时则大量产生草酸,而柠檬酸产量很低。

4. 控制 Fe^{2+} 含量,使顺乌头酸酶活力降低,使柠檬酸积累。

六、结果处理

1. 实验结果与记录

将实验结果记录于表 22-1 中。

表 22-1　黑曲霉柠檬酸摇瓶液体发酵

发酵时间/h	编号	残糖/%	柠檬酸(总酸)含量/%	糖酸转化率/%
0	瓶1			
	瓶2			
24	瓶1			
	瓶2			
48	瓶1			
	瓶2			
72	瓶1			
	瓶2			
96	瓶1			
	瓶2			

注:反应条件为 24h 前 100r/min,24h 后 300r/min。

2. 实验数据处理

(1)平均耗糖速率(g/h):单位时间内黑曲霉消耗糖(还原糖)的质量。

(2)平均柠檬酸生成速率(g/h):单位时间内黑曲霉生成柠檬酸的质量。

(3)糖酸转化率(%):黑曲霉生成柠檬酸的质量与消耗糖(还原糖)的质量之比(百分数)。

七、思考题

1. 试以发酵时间为横坐标,以糖消耗量、柠檬酸生成糖酸转化率为纵坐标作图,说明三者随发酵时间的变化,并加以分析。

2. 柠檬酸的生成机制是怎样的?

3. 在测定残糖时应该注意什么?

附　斐林试剂法

斐林试剂(Fehling's solution)是德国化学家赫尔曼·冯·斐林(Hermann von Fehling,1812—1885)在 1849 年发明的,常用于鉴定可溶性的还原性糖的存在。斐林试剂与单糖中的还原性糖(葡萄糖、果糖等)反应生成砖红色沉淀。

1. 试剂和材料

(1)斐林试剂:

甲液:称取 69.3g 硫酸铜($CuSO_4 \cdot 5H_2O$)用蒸馏水溶解,定容至 1000mL。

乙液:称取 346g 酒石酸钾钠,100g 氢氧化钠,用蒸馏水溶解,定容至 1000mL。

(2)1%次甲基蓝溶液:称取 1g 次甲基蓝溶解于 100mL 蒸馏水中,于棕色瓶中储存。

(3)标准葡萄糖液:准确称取 2g 无水葡萄糖(预先于 105℃烘 2 小时左右至恒重),加水溶解,定容至 1000mL,即为 0.2%的标准葡萄糖液。

(4)碱式滴定管、电炉、样品糖液。

2. 操作方法

(1)斐林试剂的标定

吸取斐林试剂甲、乙液各 5mL,置于 250mL 三角瓶中,加入 10mL 蒸馏水,并从滴定管中加入 0.2%的标准葡萄糖液若干毫升,其量应控制在后滴定时(消耗 0.2%的标准葡萄糖液 0.5～1.0mL)。摇匀,于电炉上加热至沸,并保持微沸 2min,加 2 滴 1%次甲基蓝溶液,继续用 0.2%标准葡萄糖液滴定至蓝色消失为终点。此滴定操作在 1min 内完成,记录耗用的 0.2%标准葡萄糖液体积为 V_0(mL)。

(2)定糖预备试验

吸取斐林甲、乙液各 5mL,置于 250mL 三角瓶中,准确加入 10mL 样品糖液,摇匀于电炉上加热至沸。加 2 滴 1%次甲基蓝溶液,用 0.2%标准葡萄糖液滴定至蓝色消失。记录消耗标准葡萄糖液体积为 V_1(mL)。

(3)样品中还原糖的测定

准确吸取斐林甲、乙液各 5mL,置于 250mL 三角瓶中,准确加入 10mL 样品糖液,补加(V_0-V_1)毫升蒸馏水,并从滴定管中预先加入(V_1-1)毫升 0.2%标准葡萄糖液。摇匀,于电炉上加热至沸,保持微沸 2min,加入 2 滴 1%次甲基蓝溶液,继续用 0.2%标准葡萄糖液滴定至蓝色消失。此操作在 1min 内完成。记录消耗标准葡萄糖液总体积为 V(mL)。

3. 计算

$$还原糖含量(g/mL,以葡萄糖计)=(V_0-V)\times 0.2\times \frac{1}{10}\times n$$

式中,V_0——斐林试剂标定值,mL;

V——样品糖液测定值,mL;

0.2——标准葡萄糖液浓度,g/mL;

10——样品糖液体积,mL;

n——样品稀释倍数。

实验 23　抗生素发酵实验

一、实验目的

1. 通过添加抑制剂的方法,加深对抗生素代谢调控发酵的理解。
2. 掌握抗生素研究中常用的实验技术。

二、基本原理

四环素族抗菌素包括金霉素、四环素和土霉素。它们的化学结构极为相似,如图 23 - 1 所示。

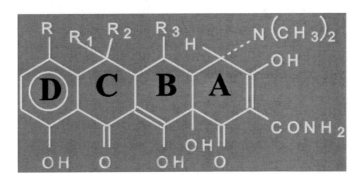

	R$_1$	R$_2$
土霉素	H	OH
四环素	H	H
金霉素	Cl	H

图 23 - 1　四环素族抗菌素的分子结构

因为金霉素比四环素只多一个氯离子,所以只要在发酵时加入能够阻止氯离子进入四环素分子的物质,即可使菌种产生更多的四环素。本实验中,利用溴离子在生物合成过程中对氯离子有竞争性抑制作用的原理,通过加入硫醇苯噻唑(即 M-促进剂)抑制氯化酶的作用,增加四环素的产量。实验利用比色法测定四环素和金霉素的效价。四环素和金霉素在酸性条件下,加热可产生黄色的脱水金霉素和脱水四环素,其色度与含量成正比。碱性条件下,四环素较稳定,金霉素会生成无色的异金霉素。

根据上述原理,可以在酸性条件下,利用比色法测定四环素与金霉素混合液的总效价,而四环素效价的测定可在碱性条件下,使金霉素生成无色的异金霉素,然后再在酸性条件下,使四环素生成黄色的脱水四环素,经比色测得四环素效价。总效价与四环素效价二者之差即为金霉素的效价。

发酵液中加入乙二胺四乙酸二钠盐(EDTA)作为螯合剂,掩饰金属离子的干扰,改变四环素脱水条件(降低酸度或延长加热时间),可以减少发酵液中所含杂质对比色反应的干扰。

金色链霉菌平板菌落及其电镜如图 23-2 所示。

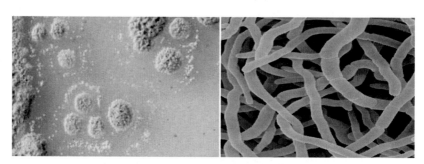

图 23-2 金色链霉菌平板菌落及其电镜图

三、实验用品

1. 菌种

金色链霉菌(*Streptomyces aureofaciens*)。

2. 试剂

(1)孢子培养基

成分:小麦麸皮 35g,$MgSO_4$ 0.1g,KH_2PO_4 0.2g,$(NH_4)_2HPO_4$ 0.3g,琼脂 20g,水 1000mL,自然 pH 值。

制作方法:将小麦麸皮,$MgSO_4$,KH_2PO_4,$(NH_4)_2HPO_4$,加入自来水 1000mL,加热熔化琼脂后定容至 1000mL,分装试管后,121℃灭菌 20min,取出摆成斜面备用。

(2)种子培养基

成分:黄豆饼粉 20g,淀粉 40g,酵母粉 5.0g,$(NH_4)_2SO_4$ 3.0g,$MgSO_4$ 0.25g,KH_2PO_4 0.2g,$CaCO_3$ 4.0g,水 1000mL,自然 pH 值。

制作方法:将上述各成分加热溶于水中,分装 25mL 于 250mL 三角瓶中,121℃灭菌 20min。

(3)发酵培养基

成分:黄豆饼粉 40g,淀粉 100g,酵母粉 2.5g,蛋白胨 15g,$(NH_4)_2SO_4$ 3.0g,

$MgSO_4$ 0.25g，$CaCO_3$ 5.0g，α-淀粉酶(活力为 10^5 u/mL)0.1mL，水 1000mL，自然 pH 值。

制作方法：加水 500mL 加热将 100g 淀粉调成糊状，再加热到 70℃～80℃加入 α-淀粉酶使淀粉变为稀稠状后，逐渐加入其他成分后定容至 1000mL，分装 50mL 于 500mL 摇瓶中，121℃灭菌 20min。

(4)0.2％NaBr

(5)0.2％KCl

(6)草酸

(7)1％EDTA

(8)3 mol/L NaOH

(9)6 mol/L HCl

3. 仪器

摇床、恒温培养箱、冰箱、恒温水浴锅、电子天平、高压灭菌锅、15mL 试管、100mL 三角瓶、2000mL 烧杯、500mL 三角瓶、离心管若干、分光光度计等。

四、操作步骤

1. 孢子制备：金霉素霉菌接种在杀菌后的孢子斜面培养基上，37℃培养 5d，当孢子长成灰色时，可用于接种子摇瓶。

2. 种子制备：将种子培养基 25mL 加入 250mL 摇瓶中，杀菌后接种 $1cm^2$ 斜面孢子，于 28℃培养 20h，观察浓度达到要求时可转接发酵摇瓶。

3. 发酵：在发酵培养基中分别加入下列成分进行发酵，比较它们对四环素产量的影响：①加 0.2％的 NaBr；②加 0.2％的 KCl；③加 0.2％的 NaBr 和 0.0025％的 M-促进剂(原始溶液为 50％)；④对照(除发酵培养基外不加其他物质)。

于 500mL 摇瓶中装入发酵培养基 50mL，杀菌后接入 10％种子，在 28℃摇床培养 5d，每隔 12h 分别采用纸层析法测定效价，用质量法测定菌体量。

4. 四环素效价测定：取一定量发酵液，加草酸酸化至 pH 值为 1.5～2.0 后过滤，取滤液 1mL(效价约为 1000u/mL)于 50mL 容量瓶中，加入 1mL 1％的 EDTA 溶液，加水 9mL，再加入 2.5mL 3mol/L 的 NaOH，在 20℃～25℃保温 15min 后，加入 2.5mL 6mol/L 的 HCl，煮沸 15min 后，冷却，在分光光度计上于 440nm 处测定其吸光度值。

对照样品与上述步骤一样，只是在加入 HCl 后不加热，稀释至刻度。

五、注意事项

1. 培养基配制时，要在恒温状态，使用 α-淀粉酶活力进行酶解和液化。

2. 接种时要在培养基冷却到室温状态后进行。

3. 在发酵培养中不同时间的取样应该放在冰箱中。

六、结果处理

1. 实验结果与记录

发酵培养时,每一种培养基用 500mL 摇瓶培养 12 瓶,分别在 0 时间和间隔 12h 取一瓶,除测定四环素效价外,采用质量法测定菌体量,结果列于表 23-1 中。

表 23-1 实验数据统计表

时间(h)	四环素效价 (u/mL)	菌体量 (g/L)	单位菌体产量 (u/g)	菌体生产率 [u/(g·h)]
0 时起每 12h 取样 测定一次至 120h				

2. 结果与讨论

(1)四环素类抗生素是由糖和 NH_2 基衍生而成,四环素的母核是由乙酸或丙二酸单位缩合形成的四联环,氨甲酰基和 $N-$甲基分别来自 CO_2 和甲硫氨酸。根据这一原理,试讨论四环素的生物合成途径。

(2)除按表 23-1 给出相应数据外,以时间为横坐标,表中数据为纵坐标绘图,分析各量的变化规律。

(3)实验报告中给出完整的实验步骤,讨论各步骤的注意事项与必要性。

七、思考题

1. 种子培养 20h,发酵培养 5d。为使操作方便,尽可能在白天工作,如何确定接种与发酵过程取样时间?

2. 如何把握接种量?采用什么方法接种?

实验 24 富铬酵母的制备及有机铬的测定

一、实验目的

1. 了解三价铬对人体的意义。
2. 掌握富铬酵母制备的原理和方法。
3. 了解有机铬的测定原理和方法。

二、基本原理

铬是人体必需的微量元素,三价铬是人体内葡萄糖耐量因子(GTF)的组成成分,参与了糖、脂、蛋白质的代谢。三价铬的含量与年龄呈负相关性,年龄越大,三价铬含量越低,2 型糖尿病、近视眼、肥胖病人体内均缺铬,补充铬能较好地防治糖尿病、近视眼、肥胖。铬的不同形态其吸收率不尽相同,无机铬如 $CrCl_3$ 仅有 $1\%\sim5\%$ 的吸收率,且毒性大,而有机铬如烟酸铬、吡啶铬、酵母铬能达到 $20\%\sim30\%$ 的吸收率,且毒性小。

微生物能将无机铬转化为有机铬,而酵母菌是富集微量元素的良好载体。用酵母菌来转化无机铬,得到的有机铬含量高,富含蛋白质,便于生产,可作为良好的铬补充剂。

有机铬的测定采用二苯氨基脲法。经干法将有机物进行灰化,在碱性条件下用高锰酸钾将三价铬氧化成六价铬,而六价铬在酸性条件下与二苯氨基脲作用生成一种紫红色的络合物,六价铬浓度越大,络合物的颜色越深,故可以进行比色测定,根据吸光度的不同,得到溶液中六价铬的含量。

三、实验用品

1. 菌种

啤酒酵母。

2. 试剂

(1)黄豆芽汁培养基

成分:黄豆芽 100g,葡萄糖 50g,水 1000mL,自然 pH 值。

黄豆芽 100g,加水 1000mL 煮沸 30min。用纱布过滤取滤液,加入葡萄糖 50g,补充水分至 1000mL,自然 pH 值。115℃灭菌 20min。

(2)2%$CrCl_3$溶液

(3)铬标准液

(4)20%碳酸钠溶液与2%碳酸钠溶液

(5)2%高锰酸钾溶液

(6)0.5%二苯氨基脲

(7)5mol/L硫酸

3. 仪器

摇床、恒温培养箱、冰箱、恒温水浴锅、电子天平、高压灭菌锅、离心机、试管、250mL三角瓶、1000mL搪瓷量杯、500mL容量瓶、50mL容量瓶、平皿、吸管、漏斗、坩埚、滤纸等。

四、操作步骤

1. 制种

将冰箱保存的啤酒酵母菌种,经2～3次活化后,接种到黄豆芽汁培养基中,上摇床,28℃、110次/min,培养24h。

2. 制备富铬酵母

(1)将上述菌种10mL接种于100mL黄豆芽汁培养基中,上摇床,28℃、110次/min,培养6h。

(2)将2%$CrCl_3$溶液1mL加入步骤(1)中的培养基中,继续摇床上培养30h。

(3)3000r/min,离心10min,沉淀水洗离心二次,得到富铬酵母。

(4)80℃、12h烘干,称重,备用。

3. 有机铬含量的测定

(1)提前烘干的物品:重铬酸钾120℃和小坩埚。

(2)标准曲线绘制(表24-1)。

表 24-1

三角瓶编号	1	2	3	4	5	6
10μg/mL铬标准工作液(mL)	0.0	1.0	2.0	3.0	4.0	5.0
2%碳酸钠溶液(mL)	5	5	5	5	5	5
补水至25mL	20	19	18	17	16	15
2%高锰酸钾(滴)	5	5	5	5	5	5

将上述各溶液煮沸5～10min,呈紫色,否则滴加高锰酸钾溶液。加入2mL无水乙醇,加热后变为黄棕色,冷却,加5mol/L硫酸调节pH值为1～3,摇匀,过滤,滤液入50mL容量瓶,加入0.5%二苯氨基脲2.5mL,加蒸馏水定容至50mL,

10min 后,540nm 测吸光度(A);将所得数据进行直线回归,得到回归方程 $y=kx\pm b$。

(3)样品灰化:称取 1g 富铬酵母与 20％碳酸钠溶液 5mL 一同放入坩埚中,电炉加热至无烟;将已炭化后的样品放入马弗炉中,580℃、3h;冷却后样品灰分加蒸馏水定容于 25mL 容量瓶中,待测。

(4)样品吸光度测定:操作步骤同标准曲线。

五、注意事项

1. 计算好时间,菌种使用时一定要保证新鲜有活力。

2. 制备富铬酵母时液体培养基应定量,以便于定量加入 $CrCl_3$ 溶液,因为如果加入的 $CrCl_3$ 溶液量太多,则会抑制酵母菌的生长,而加入的 $CrCl_3$ 溶液量太少,则酵母菌富集的铬不足,得不到富铬酵母了。

六、结果处理

1. 实验结果与记录

翔实记录实验现象和结果。

2. 计算有机铬含量

$$W=\frac{CV}{m}$$

式中:W——有机铬含量,$\mu g/mL$;

　　　C——试液吸光度在标准曲线上查得的铬含量,$\mu g/mL$;

　　　V——试液定容的体积,mL;

　　　m——称取样品的重量,g。

七、思考题

试设计六价铬降解菌的分离培养及性能测定。

实验 25　解酚菌的分离培养

一、实验目的

1. 巩固微生物分离纯化的基本操作技术。
2. 学习对微生物特殊生理功能的分析测定。

二、基本原理

在工业废水的生物处理中,针对一些特定的污染物,分离、选育高效降解菌并接种到活性污泥或生物膜中,往往可使处理效果明显提高。酚是多种工业废水中大量存在的有机污染物,含酚废水的排放量相当大,而且较高浓度的酚对生物具有毒性。而高效解酚菌的分离培养和应用是解决上述问题的有效途径。因此,提高含酚废水的处理效果,或使发生故障的系统及时恢复处理效果,一直是该领域有关人员十分关注的问题。

某些微生物体内含有特殊酶系,能以酚类作为生长的唯一碳源与能源。例如,反硝化菌(一些假单胞菌和苯杆菌)就可在有氧或反硝化条件下利用苯酚类的化合物。

反硝化作用:硝酸盐被微生物还原生成氮气和氧化氮的过程。硝酸在反硝化细菌的作用下可还原成氮气,也可将硝酸根离子还原成亚硝酸根离子,再将亚硝酸根离子还原成氮气。

三、实验用品

1. 菌种

活性污泥。

2. 试剂

(1)营养肉汤液体培养基

牛肉膏 3g,蛋白胨 10g,NaCl 5g,H_2O 1000mL。pH 值为 7.0～7.2,灭菌条件为 121℃、20min。

(2)营养肉汤琼脂培养基

牛肉膏 3g,蛋白胨 10g,NaCl 5g,琼脂 15～20g,H_2O 1000mL。pH 值为 7.0～7.2,灭菌条件为 121℃、20min。

(3)尿素培养基

10%尿素 5mL,葡萄糖 1g,K_2HPO_4 0.1g,$MgSO_4$ 0.05g,H_2O 995mL,pH 值

为 7～7.5。

配制时,除尿素外,其他成分混合在蒸馏水中,调节 pH 值为 7～7.5,115℃、灭菌 30min。

待培养基稍冷,以无菌操作加入事先灭菌(过滤除菌)的尿素溶液,备用。

(4)0.1％的苯酚溶液

3. 仪器

摇床、恒温培养箱、冰箱、恒温水浴锅、电子天平、高压灭菌锅、15mL 试管、250mL 三角瓶、1000mL 搪瓷量杯、500mL 三角瓶、无菌平皿、无菌吸管。

四、操作步骤

1. 采样

在高浓度含酚废水流经的场所采样。采取排放含酚废水下水道的淤泥、沉渣等,也可在处理含酚废水的活性污泥或生物膜中取样分离。

2. 单菌株分离

按常规稀释平板法,对上述样品进行单菌株分离。

(1)样品稀释。

(2)含酚平板制备。

(3)涂布菌悬液。

(4)37℃、24h 倒置培养。

3. 解酚能力的测定

(1)培养:挑取平板上生长良好的四株菌,接种于营养肉汤液体培养基中,振荡培养至对数生长期(28℃、12～16h)。

(2)诱导解酚酶:在培养物中加入少量浓酚液,使培养液酚浓度达到 10mg/L 左右,以利于解酚酶的诱发。

(3)继续振荡培养 2h 后再次加入浓酚液,使培养液酚浓度提高到 50mg/L 左右,继续振荡培养 4h。

(4)测定培养液中残留酚的浓度,并计算酚的去除率。

① 制作标准曲线;

② 测定培养液中酚浓度;

③ 计算培养液含酚量;

④ 计算酚去除率。

4. 菌胶团形成能力的测试

(1)将已选得的解酚能力较强的菌株,分别接种在盛有 50mL 灭菌的尿素培养基内。

(2)28℃,摇床上振荡培养 12~16h。

凡能形成菌胶团的菌株,其培养物形成絮状颗粒,静置后沉于瓶底,液体澄清。

解酚能力较强,且又能形成菌胶团的菌株即为入选菌株。将入选菌株经扩大培养后即可作为生产上使用的菌株。

五、注意事项

1. 在单菌株分离时,于分离平板中预先加入一定浓度的苯酚,一般按 1mg 苯酚/100mL 培养基加入。

2. 解酚酶诱导时,液体培养基应定量,以便于加入酚浓度的计算。

3. 培养液酚测定时稀释 100 倍。

六、结果处理

1. 实验结果与记录

翔实记录实验现象和结果。

2. 计算酚的去除率

酚去除率计算公式为:

$$酚去除率 = \frac{总酚 - 残留酚}{总酚} \times 100\%$$

七、思考题

1. 将所分离到菌株的酚去除率和形成菌胶团能力列表记录,并说明其中哪些菌株有提供生产性应用的价值。

2. 请为所筛选到的高效酚分解菌设计一个扩大培养,并在生物转盘上挂膜的方法。

附录 1 实验用培养基的配制

1. 牛肉膏蛋白胨培养基(用于细菌培养)

牛肉膏 3g,蛋白胨 10g,NaCl 5g,琼脂 15～20g,水 1000mL,pH 值为 7.4～7.6。121℃灭菌 20min。

2. 高氏 1 号培养基(用于放线菌培养)

可溶性淀粉 20g,KNO_3 1g,NaCl 0.5g,$K_2HPO_4 \cdot 3H_2O$ 0.5g,$MgSO_4 \cdot 7H_2O$ 0.5g,$FeSO_4 \cdot 7H_2O$ 0.01g,琼脂 20g,水 1000mL,pH 值为 7.2～7.4。配制时,可溶性淀粉先用少量冷水调匀后再加入以上培养基中。121℃灭菌 20min。

3. 马丁氏(Martin)培养基(用于从土壤中分离真菌)

K_2HPO_4 1g,$MgSO_4 \cdot 7H_2O$ 0.5g,蛋白胨 5g,葡萄糖 10g,1/3000 孟加拉红水溶液 100mL,琼脂 15～20g,水 900mL,自然 pH 值,121℃湿热灭菌 30min。待培养基熔化后冷却至 55℃～60℃加入链霉素(链霉素含量为 30μg/mL)。

4. 马铃薯培养基(PDA)(用于霉菌或酵母菌培养)

马铃薯(去皮)200g,蔗糖(或葡萄糖)20g,琼脂 15～20g,水 1000mL,自然 pH 值。配制方法如下:将马铃薯去皮,切成约 2cm^3 的小块,放入 1500mL 的烧杯中煮沸 30min,注意用玻棒搅拌以防糊底,然后用双层纱布过滤,取其滤液加糖及琼脂,再补足水至 1000mL,121℃湿热灭菌 30min。霉菌用蔗糖,酵母菌用葡萄糖。

5. 察氏培养基(蔗糖硝酸钠培养基)(用于霉菌培养)

蔗糖 30g,$NaNO_3$ 2g,K_2HPO_4 1g,$MgSO_4 \cdot 7H_2O$ 0.5g,KCl 0.5g,$FeSO_4 \cdot 7H_2O$ 0.01g,琼脂 15～20g,水 1000mL,自然 pH 值。121℃灭菌 20min。

6. 乳酸菌培养基(用于乳酸发酵)

牛肉膏 3g,酵母膏 5g,蛋白胨 10g,葡萄糖 10g,乳糖 5g,NaCl 5g,水 1000mL,pH 值为 6.8,121℃湿热灭菌 20min。

7. 酒精发酵培养基(用于酒精发酵)

蔗糖 10g,$MgSO_4 \cdot 7H_2O$ 0.5g,NH_4NO_3 0.5g,20%豆芽汁 2mL,KH_2PO_4 0.5g,水 100mL,自然 pH 值。

8. 豆芽汁培养基

黄豆芽 100g,加水 1000mL 煮沸 30min。用纱布过滤后补足水分,加入葡萄糖(或蔗糖)50g,自然 pH 值,121℃湿热灭菌 20min。

霉菌用蔗塘,酵母菌用葡萄糖。

9. LB(Luria - Bertani)培养基(细菌培养)

双蒸馏水 950mL,胰蛋白胨 10g,NaCl 10g,酵母提取物(Bacto-yeast extract)

5g,用 1mol/L NaOH(约 1mL)调节 pH 值为 7.0,加双蒸馏水至总体积为 1L,121℃湿热灭菌 30min。

含氨苄青霉素 LB 培养基:待 LB 培养基灭菌后冷却至 50℃左右加入抗生素,至终浓度为 80~100mg/L。

10. 蛋白胨水培养基

蛋白胨 10g,NaCl 5g,蒸馏水 1000mL,pH 值为 7.6。121℃湿热灭菌 20min。

11. 乳糖蛋白胨培养液(用于多管发酵法检测水体中大肠菌群)

蛋白胨 10g,牛肉膏 3g,乳糖 5g,NaCl 5g,1.6%溴甲酚紫乙醇溶液 1mL,蒸馏水 1000mL,pH 值为 7.2~7.4。

将蛋白胨、牛肉膏、乳糖、NaCl 加热熔化于 1000mL 蒸馏水中,调节 pH 值为 7.2~7.4。加入 1.6%溴甲酚紫乙醇溶液 1mL,分装试管(10mL/管),并放入倒置杜氏小管。115℃湿热灭菌 20min。

12. 三倍浓缩乳糖蛋白胨培养液(用于水体中大肠菌群测定)

将乳糖蛋白胨培养液中各营养成分扩大三倍加入 1000mL 水中,制法同乳糖蛋白胨培养液,分装于放有倒置杜氏小管的试管中,每管 10mL,115℃湿热灭菌 20min。

13. 伊红美蓝培养基(EMB 培养基)(用于水体中大肠菌群测定和细菌转导)

蛋白胨 10g,乳糖 10g,K_2HPO_4 2g,琼脂 25g,2%伊红 Y(曙红)水溶液 20mL,0.5%美蓝(亚甲蓝)水溶液 13mL,pH 值为 7.4。

制作过程:先将蛋白胨、乳糖、K_2HPO_4 和琼脂混匀,加热溶解后,调节 pH 值至 7.4。115℃湿热灭菌 20min,然后加入已分别灭菌的伊红液和美蓝液,充分混匀,防止产生气泡。待培养基冷却到 50℃左右倒于平皿中。如培养基太热会产生过多的凝集水,可在平板凝固后倒置存于冰箱备用。

14. 复红亚硫酸钠培养基(远藤氏培养基)(用于水体中大肠菌群测定)

蛋白胨 10g,牛肉浸膏 5g,酵母浸膏 5g,琼脂 20g,乳糖 10g,K_2HPO_4 0.5g,无水亚硫酸钠 5g,5%碱性复红乙醇溶液 20mL,蒸馏水 1000mL。

制作过程:先将蛋白胨、牛肉浸膏、酵母浸膏和琼脂加入 900mL 水中,加热溶解,再加入 K_2HPO_4 溶解后补充水至 1000mL,调节 pH 值为 7.2~7.4。随后加入乳糖,混匀溶解后,于 115℃湿热灭菌 20min。再称取亚硫酸钠至一无菌空试管中,用少许无菌水使其溶解,在水浴中煮沸 10min 后,立即滴加于 20mL 5%碱红复红乙醇溶液中,直至深红色转变为淡粉红色为止。将此混合液全部加入上述已灭菌的并仍保持熔化状的培养基中,混匀后立即倒在平板上,待凝固后存放冰箱备用,若颜色由淡红变为深红,则不能再用。

15. 琼脂培养基

胰蛋白胨 5.0g,酵母浸膏 2.5g,葡萄糖 1.0g,琼脂 15.0g,蒸馏水 1000mL,pH

值为 7.0±0.2。将上述成分加于蒸馏水中,煮沸溶解,调节 pH 值。分装试管或锥形瓶,121℃高压灭菌 15min。

16. 月桂基硫酸盐胰蛋白胨(Lauryl Sulfate Tryptose,LST)肉汤

胰蛋白胨或胰酪胨 20.0g,氯化钠 5.0g,乳糖 5.0g,磷酸氢二钾(K_2HPO_4)2.75g,磷酸二氢钾(KH_2PO_4)2.75g,月桂基硫酸钠 0.1g,蒸馏水 1000mL,pH 值为 6.8±0.2。

将上述成分溶解于蒸馏水中,调节 pH 值。分装到有玻璃小倒管的试管中,每管 10mL。121℃高压灭菌 15min。

17. 煌绿乳糖胆盐(Brilliant Green Lactose Bile,BGLB)肉汤

蛋白胨 10.0g,乳糖 10.0g,牛胆粉(oxgall 或 oxbile)溶液 200mL,0.1%煌绿水溶液 13.3mL,蒸馏水 800mL,pH 值为 7.2±0.1。

配制方法:将蛋白胨、乳糖溶于约 500mL 蒸馏水中,加入牛胆粉溶液 200mL(将 20.0g 脱水牛胆粉溶于 200mL 蒸馏水中,调节 pH 值为 7.0~7.5),用蒸馏水稀释到 975mL,调节 pH 值为 7.2±0.1,再加入 0.1%煌绿水溶液 13.3mL,用蒸馏水补足到 1000mL,用棉花过滤后,分装到有玻璃小倒管的试管中,每管 10mL。121℃高压灭菌 15min。

18. 孟加拉红培养基

蛋白胨 5.0g,葡萄糖 10.0g,磷酸二氢钾 1.0g,硫酸镁(无水)0.5g,琼脂 20.0g,孟加拉红 0.033g,氯霉素 0.1g,蒸馏水 1000mL。121℃灭菌 20min。

19. 尿素培养基

10%尿素 5mL,葡萄糖 1g,K_2HPO_4 0.1g,$MgSO_4$ 0.05g,H_2O 995mL,pH 值为 7~7.5。

配制时,除尿素外,其他成分混合在蒸馏水中,调节 pH 值为 7~7.5,115℃灭菌 30min。

待培养基稍冷,以无菌操作加入事先灭菌(过滤除菌)的尿素溶液,备用。

附录 2　染色液的配制

1. 吕氏(Loeffier)美蓝染色液

A 液:美蓝(methylene blue,又名甲烯蓝)0.3g,95%乙醇 30mL。

B 液:0.01% KOH 100mL。

混合 A 液和 B 液即成,用于细菌单染色,可长期保存。根据需要可配制成稀释美蓝液,按 1:10 或 1:100 稀释均可。

2. 革兰氏染色液

(1)结晶紫(Crystal violet)液:结晶紫乙醇饱和液(结晶紫 2g 溶于 20mL95%乙醇中)20mL,1%草酸铵水溶液 80mL,将两液混匀置 24h 后过滤即成。此液不易保存,如有沉淀出现,需要重新配制。

(2)卢哥(Lugol)氏碘液:碘 1g,碘化钾 2g,蒸馏水 300mL。先将碘化钾溶于少量蒸馏水中,然后加入碘使之完全溶解,再加蒸馏水至 300mL 即成。配成后贮于棕色瓶内备用,如变为浅黄色则不能使用。

(3)95%乙醇:用于脱色,脱色后可选用以下(4)或(5)的其中一项复染即可。

(4)稀释石炭酸复红溶液:碱性复红乙醇饱和液(碱性复红 1g,95%乙醇 10mL,5%石炭酸 90mL,即成碱性复红乙醇饱和液),取石炭酸复红饱和液 10mL,加蒸馏水 90mL 即成。

(5)番红落液:番红 O(Safranine O,又称沙黄 O)2.5g,95%乙醇 100mL,溶解后可贮存于密闭的棕色瓶中,用时取 20mL 与 80mL 蒸馏水混匀即可。

以上染液配合使用,可区分出革兰氏染色阳性(G^+)或阴性(G^-)细菌,G^+ 被染成蓝紫色,G^- 被染成淡红色。

3. 0.5%沙黄(Safranine)液

2.5%沙黄乙醇液 20mL,蒸馏水 80mL。将 2.5%沙黄乙醇液作为母液保存于不透气的棕色瓶中,使用时再稀释。

4. 0.05%碱性复红

碱性复红 0.05g,95%乙醇 100mL。

5. 齐氏(Ziehl)石炭酸复红液

碱性复红 0.3g 溶于 95%乙醇 10mL 中为 A 液;0.01% KOH 溶液 100mL 为 B 液,混合 A、B 液即成。

附录 3　微生物学实验中常用消毒剂

名称	浓度	使用范围	注意问题
升汞	0.05%～0.1%	植物组织和虫体外部消毒	腐蚀金属器皿
硫柳汞	0.01%～0.1%	生物制品防腐,皮肤消毒	多用于抑菌
甲醛(福尔马林)	10mL/m³ *	接种室消毒	用于熏蒸
石炭酸(苯酚)	3%～5%	接种室消毒(喷雾),器皿消毒	杀菌力强
来苏水(煤酚皂液)	3%～5%	接种室消毒,擦洗桌面及器械	杀菌力强
漂白粉	2%～5%	喷刷接种室	腐蚀金属,伤皮肤
新洁尔灭	0.25%	皮肤及器皿消毒	对芽孢无效
乙醇	70%～75%	皮肤消毒	对芽孢无效
高锰酸钾	0.1%	皮肤及器皿消毒	应随用随配
硫磺	15g/m³	熏蒸,空气消毒	腐蚀金属
生石灰	1%～3%	消毒地面及排泄物	腐蚀性强

注:* 10mL/m³ 加热熏蒸,或迅速加入甲醛 10 份于 1 份高锰酸钾中,使其产生黄色浓烟,立即密闭房间,熏蒸 6～24h。

附录 4　玻璃器皿及玻片洗涤法

(一)玻片洗涤法

细菌染色的玻片,必须清洁无油,清洗方法如下:

1. 新购置的载片,先用 2%盐酸浸泡数小时,冲去盐酸。再放浓洗液中浸泡过夜,用自来水冲净洗液,浸泡在蒸馏水中或擦干装盒备用。

2. 用过的载片,先用纸擦去石蜡油,再放入洗衣粉液中煮沸,稍冷后取出。逐个用清水洗净,放浓洗液中浸泡 24h,控去洗液,用自来水冲洗。蒸馏水浸泡。

3. 用于鞭毛染色的玻片,经以上步骤清洗后,应选择表面光滑无伤痕者,浸泡在 95%的乙醇中暂时存放,用时取出用干净纱布擦去酒精,并经过火焰微热,使残余的酒精挥发,再用水滴检查,如水滴均散开方可使用。

4. 洗净的玻片,最好及时使用,以免被空气中飘浮的油污沾染。长期保存的干净玻片,用前应再次洗涤后方可使用。

5. 盖片使用前,可用洗衣粉或洗液浸泡,洗净后再用 95%乙醇浸泡,擦干备用,用过的盖片也应及时洗净擦干保存。

(二)玻璃器皿洗涤法

清洁的玻璃器皿是得到正确实验结果的重要条件之一。由于实验目的不同,对各种器皿的清洁程度的要求也不同。

1. 一般玻璃器皿(如锥形瓶、培养皿、试管等)可用毛刷及去污粉或肥皂洗去灰尘、油垢、无机盐类等物质,然后用自来水冲洗干净。少数实验要求高的器皿,可先在洗液中浸泡数 10min,再用自来水冲洗,最后用蒸馏水洗 2～3 次。以水在内壁能均匀分布成一薄层而不出现水珠为油垢除尽的标准。洗刷干净的玻璃仪器烘干备用。

2. 用过的器皿应立即洗刷,放置太久会增加洗刷的困难。染菌的玻璃器皿,应先经 121℃高压蒸汽灭菌 20～30min 后取出。趁热倒出容器内之培养物,再用热肥皂洗刷干净,用水冲洗。带菌的移液管和毛细吸管应立即放在 5%的石炭酸溶液中浸泡数小时,先灭菌,然后再用水冲洗。有些实验,还需要用蒸馏水进一步冲洗。

3. 新购置的玻璃器皿含有游离酸,一般先用 2%盐酸或洗液浸泡数小时后,再用水冲洗干净。新的载玻片和盖玻片先浸入肥皂水(或 2%盐酸)内 1h,再用水洗净,以软布擦干后浸入滴有少量盐酸的 95%乙醇中保存备用。已用过的带有活菌的载玻片或盖玻片可先浸在 5%石炭酸溶液中消毒,再用水冲洗干净,擦干后,浸入 95％乙醇中保存备用。

(三)洗液的配制

通常用的洗液是重铬酸钾(或重铬酸钠)的硫酸溶液,称为铬酸洗液,其成分是:重铬酸钾 60g,浓硫酸 460mL,水 300mL。配制方法为:重铬酸钾溶解在温水中,冷却后再徐徐加入浓硫酸(比重为 1.84 左右,可以用废硫酸),配制好的溶液呈红色,并有均匀的红色小结晶。稀重铬酸钾溶液可用如下方法配制:重铬酸钾 60g,浓硫酸 60mL,水 1000mL。铬酸洗液是一种强氧化剂,去污能力很强,常用它来洗去玻璃和瓷质器皿的有机物质,切不可用于洗涤金属器皿。铬酸洗液加热后,去污作用更强,一般可加热到 45℃～50℃。稀铬酸洗液可煮沸,洗液可反复使用,直到铬液呈青褐色为止。

附录5　主要菌种保藏机构

单位名称	单位缩写
中国微生物菌种保藏管理委员会	CCCCM
中国科学院微生物研究所菌种保藏中心	
中国科学院武汉病毒所菌种保藏中心	
轻工部食品发酵工业科学研究所	
中国药品生物制品检定所	
中国医学科学院皮肤病研究所	
中国医学科学院病毒研究所	
华北制药厂抗生素研究所	
世界菌种保藏联合会	WFCC
美国标准菌株保藏中心	ATCC
美国农业部北方研究利用发展部	NRRL
美国农业研究服务处菌种收藏馆	ARS
美国 Upjohn 公司菌种保藏部	UPJOHN
日本微生物菌种保藏联合会	JFCC
北海道大学农学部应用微生物教研室	AHU
东京大学农学部发酵教研室	ATU
东京大学应用微生物研究所	IAM
东京大学医学科学研究所	IID
东京大学医学院细菌学教研室	MTU
大阪发酵研究所	IFO
广岛大学工学部发酵工业系	AUT
加拿大 Alberta 大学霉菌标本室	UAMH
加拿大国家科学研究委员会	NRC
德国科赫研究所	RKI
德国发酵红叶研究所微生物收藏室	MIG

（续表）

单位名称	单位缩写
德国微生物研究所菌种收藏室	KIM
英国国立典型菌种收藏馆	NCTC
英联邦真菌研究所	CMI
英国国立工业细菌收藏所	NCIB
法国典型微生物保藏中心	CCTM
荷兰真菌中心收藏所	CBS
新西兰植物病害真菌保藏部	PDDCC

参 考 文 献

[1] 沈萍,陈向东. 微生物学实验[M]. 北京:高等教育出版社,2007.

[2] 刘慧. 现代食品微生物学实验技术[M]. 北京:中国轻工业出版社,2006.

[3] 郝林,孔庆学,方祥. 食品微生物学实验技术[M]. 北京:中国农业大学出版社,2016.

[4] 江澜,沈蓉,郭华. 教学中革兰氏染色两种方法的比较研究[J]. 生物学通报,2000,35(11):38-39.

图书在版编目(CIP)数据

现代生物技术基础实验/江澜主编. —合肥:合肥工业大学出版社,2019.6
ISBN 978 - 7 - 5650 - 4517 - 2

Ⅰ.①现… Ⅱ.①江… Ⅲ.①生物工程—实验—教材 Ⅳ.①Q81 - 33

中国版本图书馆 CIP 数据核字(2019)第 108797 号

现代生物技术基础实验
XIANDAI SHENGWU JISHU JICHU SHIYAN

江 澜 主编　　　　　　　责任编辑 王 磊 樊珊珊

出　版	合肥工业大学出版社	版　次	2019 年 6 月第 1 版
地　址	合肥市屯溪路 193 号	印　次	2019 年 6 月第 1 次印刷
邮　编	230009	开　本	710 毫米×1010 毫米　1/16
电　话	艺术编辑部:0551 - 62903120	印　张	7.75
	市场营销部:0551 - 62903198	字　数	180 千字
网　址	www.hfutpress.com.cn	印　刷	合肥市广源印务有限公司
E-mail	hfutpress@163.com	发　行	全国新华书店

ISBN 978 - 7 - 5650 - 4517 - 2　　　　　　　　定价:25.00 元

如果有影响阅读的印装质量问题,请与出版社市场营销部联系调换。